Борис Камбегов

КОНЕВОДСТВО И КОННОЗАВОДСТВО РОССИИ

Фото Юрия Лунькова

Москва
Росагропромиздат
1988

ББК 46.11
К 18
УДК 636.1

Рецензент кандидат
сельскохозяйственных наук
О. А. Балакшин

К $\frac{3804020200-100}{М104(03)-88}$ 140—88

ISBN 5—260—00251—2

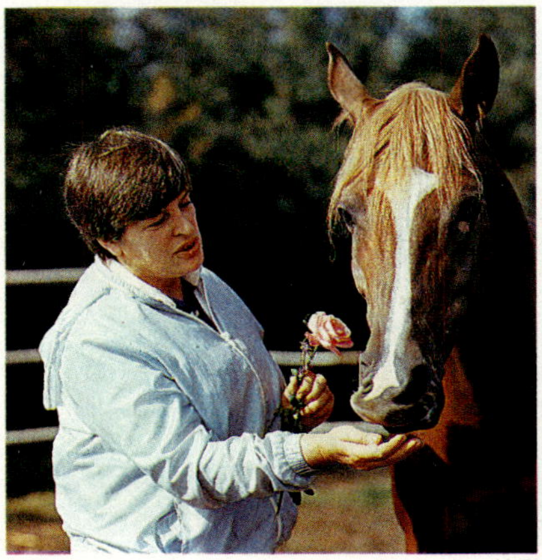

4

8

ПАХРА

ИСТОРИЯ РОССИЙСКОГО КОНЕВОДСТВА И КОННОЗАВОДСТВА

История Российского коневодства имеет свои особенности, обусловленные комплексом причин, оказавших влияние на его становление и развитие. Основной очаг одомашнения лошади находился на просторах современных Сибири и юга европейской части РСФСР. Славянские племена заселяли их в I тысячелетии н. э. Территория эта представляла собой бескрайние привольные степи и лесостепи с обильной травяной растительностью, что благоприятствовало формированию хорошей степной лошади.

Здесь обитало и кочевало множество племен с разным уровнем социального развития, своеобразным жизненным укладом. Большинство из них имели своих лошадей определенного типа и свою практику ведения коневодства. Бесчисленные захватнические набеги и войны, совершавшиеся на громадной территории от Дальнего Востока до предгорий Карпат, позволяли тому или иному удачливому племени на какой-то период пополнять свои табуны, обогащаться знаниями по ведению коневодства. По своим климатическим и географическим условиям отдельные регионы этого пространства разнились довольно значительно, благодаря чему создавались условия для более заметной внутривидовой дифференциации домашней лошади тех времен. Все это привело к образованию разнообразных пород, различавшихся по экстерьерным и интерьерным качествам, что, несомненно, обогащало практику разведения лошадей в каждый конкретный исторический период, способствовало умелому ведению коневодства.

В степях Западной и Восточной Сибири формировались лошади, способные существовать в условиях континентального климата. Здесь обилие кормов в весенний и летний периоды чередовалось с нехваткой их в холодные, снежные и ветреные зимы. Поэтому местные лошади отличались выносливостью и могли совершать длительные переходы. В этих условиях шло становление пород, получивших впоследствии название степных.

В южных степях, где климат более умеренный, также формировались степные лошади, но они имели больше верховых достоинств. В северной и северо-западной зоне восточноевропейской части страны складывались породы лошадей, приспособленные к обитанию в лесистой местности. Впоследствии они получили название лесных.

Возникшее разнообразие типов домашних лошадей, обусловленное внешними факторами, а также различными методами разведения, кормления и содержания, впоследствии закрепилось наследственно. Это и стало основой совершенствования пород лошадей.

Начало становления отечественного коневодства относится к концу X столетия, то есть к моменту объединения всех восточных славян в границах Киевской Руси. К этому времени у разных народностей, населявших территорию будущего Российского государства, сложились практические навыки использования лошадей на сельских и транспортных работах, на охоте и особенно интенсивно в военных целях.

Содержание лошадей в то время было, как правило, табунным. К этому же периоду можно отнести и начало качественного улучшения лошадей различного направления использования за счет скрещивания местных пород с другими, более специализированными. В удельных княжеских и личных хозяйствах о лошадях заботились с особой тщательностью, что вполне объяснимо. Тот период жизни нашей страны изобиловал бурными историческими событиями, преимущественно военного характера. Войны за объединение удельных княжеств в целостное

В таких условиях сформировался тип лошади, приспособившейся к суровому континентальному климату. Алтай, Тувинская АССР

государство сменялись междоусобными распрями, войны захватнические — освободительными. В этих условиях лошадь приобретала особое, решающее значение. И уже тогда применялись многие технологические приемы ведения коневодства и отдельные элементы коннозаводства.

Нашествие монгольских завоевателей в XIII веке нанесло коневодству на Руси огромный ущерб. Сильнее всего пострадало оно в южных княжествах, что было особенно чувствительным, потому что в другие княжества из тех краев поступали улучшенные лошади. В процессе противодействия монгольским поработителям в лесной и лесостепной зонах, в средних и северо-западных княжествах коневодство стало возрождаться. Широким признанием пользовались рослые, массивные, сильные лошади. Особой резвости от них не требовали. Однако вступать на них в серьезную битву с вражеской конницей, имевшей лошадей более легких и быстрых, было делом безнадежным. Первым это понял Дмитрий Донской, и уже в 1380 году в составе его войска на Куликовом поле насчитывалось около 150 тысяч всадников на крепких, быстрых лошадях. На Руси даже в этот тяжелый период сохранились и нужные ресурсы лошадей, и народное умение вести коневодство, и знание, какими путями нужно его совершенствовать.

В борьбе за освобождение от чужеземного ига, воссоединение разрозненных княжеств,

в битвах с различными захватчиками, пытавшимися покорить русские земли, немалое, если не главное значение имели качества и численность наиболее важного рода войск — конницы. Отечественному коневодству уделяется больше внимания, начинается формирование русской лошади. Это еще не порода, но уже достаточно большое поголовье своеобразных лошадей. Широкое распространение получили два основных типа: одни — сравнительно рослые, широкотелые, сильные, но немного рыхлые, другие — более мелкие, быстрые, верткие, испытавшие большое влияние монгольских предков.

Вторая половина XV — начало XVI столетия вошли в историю как период окончательного политического объединения русских земель и создания единого государства. Этот процесс сопровождался расширением связей между отдельными частями государства, ростом его политического и экономического могущества. В этих условиях лошадь становится незаменимым помощником человека и в хозяйстве, и на войне, и при перевозке грузов. Но качественный состав лошадей не отвечал требованиям, предъявлявшимся к ним в тех сферах, где их использовали. Начались поиски путей улучшения их качеств. Различия в условиях кормления и содержания, сохранявшиеся из поколения в поколение, создавали предпосылки к типовому разнообразию отечественного коневодства. Привилегированные слои населения — князья, бояре, богатое купечество — имели лучшие условия для повышения качества лошадей: они могли приобретать хороших производителей, обеспечивать полноценное кормление и содержание поголовья. В массовом же коневодстве той поры ощущались острая нужда в кормах (простым лошадям на Руси

никогда не давалось зернового корма) и отсутствие производителей-улучшателей.

Для повышения качества местных лошадей очень важно было правильно выбрать улучшающую породу и рационально использовать ее представителей. Получившие широкое распространение на Руси степные породы лошадей к этому времени уже не могли в полной мере удовлетворять запросы развивающегося хозяйства. Для сельскохозяйственных работ требовалась лошадь неприхотливая, способная выполнять разнообразные работы, не слишком крупная, но выносливая. Для перевозок нужна была сильная, достаточно массивная лошадь, выносливая. Для военных целей требовался конь с хорошими верховыми формами, быстрый, смелый, выносливый. Нужна была и парадная лошадь, отличающаяся совершенными экстерьерными формами и нарядностью. Но если для улучшения качеств лошадей верхового направления выбор племенного материала тогда не составлял особого труда, для сельскохозяйственных и транспортных работ соответствующих улучшателей лошадей в достаточном количестве не было.

Табунное содержание — продолжение исторически сложившихся условий жизни лошадей

На русские рынки в тот период стали поступать лошади с Востока, так называемые аргамаки, в основном туркменского и персидского происхождения. В условиях хорошего содержания и кормления на княжеских и боярских конюшнях, в результате соответствующего отбора и подбора постепенно выработался тип русских лошадей, именовавшихся боярскими. Они сильно отличались от простой крестьянской лошади.

В книге помещены репродукции картин из Музея коневодства Московской сельскохозяйственной академии имени К. А. Тимирязева. В этом уникальном музее, созданном в 1929 году на базе частного собрания известного русского коннозаводчика и коллекционера Я. И. Бутовича, хранится и экспонируется не имеющая себе равных в мире по количеству и значению коллекция — свыше 3 тыс. произведений искусства, посвященных лошади.
Среди экспонатов музея — подлинные картины, акварели, скульптуры В. А. Серова, В. Д. Поленова, М. А. Врубеля, Б. М. Грекова, Н. С. Самокиша, П. К. Клодта, Е. А. Лансере, М. И. Авилова, Т. С. Салахова и многих других замечательных русских и советских художников. В музее сосредоточена большая часть творческого наследия — свыше 360 произведений — выдающегося русского художника-анималиста Н. Г. Сверчкова, создавшего целую галерею лошадей России прошлого века.
Экспозиция музея отражает историю и современное состояние отечественного коневодства, знакомит с многообразием конских пород, их лучшими представителями, показывает использование лошадей в народном хозяйстве и спорте. В специализированной фототеке музея свыше 60 тыс. негативов — снимков известных лошадей, эпизодов конно-спортивных соревнований, работы на лошадях, деятельности конных заводов.
Библиотека музея насчитывает более 11 тыс. книг и журналов по коневодству на русском и многих иностранных языках. Среди них немало антикварных иллюстрированных книг XVI—XIX веков.
Фонды музея широко используются для занятий с будущими коневодами высшей квалификации, которых готовят на зооинженерном факультете академии, со студентами других сельскохозяйственных специальностей. В музей приезжают студенты, школьники, специалисты сельского хозяйства, спортсмены, любители лошадей со всех концов нашей страны и из десятков зарубежных стран.

Н. Д. Дмитриев-Оренбургский (1837—1898). Седлают боярскую лошадь

Экспозиция картин и скульптур в Музее коневодства Московской сельскохозяйственной академии имени К. А. Тимирязева. Заведующий музеем Д. Я. Гуревич знакомит посетителей с многообразием пород лошадей, историей и условиями их разведения

Н. Г. Сверчков (1817—1898). Катание детей

Е. А. Лансере (1848—1886). Тройка, запряженная в кошевку

П. О. Ковалевский (1843—1903). Тройка в распутицу

Н. Г. Сверчков.
Везут убитого медведя

П. О. Ковалевский.
Вороная рабочая лошадь

П. Н. Грузинский
(1837—1893).
Катание на масленице

Б. П. Виллевальде (1818—1903). Полтавская битва

Е. А. Лансере. Сокольничий на коне

Б. П. Виллевальде. Раненый французский солдат на лошади казака

К. Зурланд (1828—1919).
Орловские рысаки

Ф. Рубо (1856—1928).
Сокольничий на коне

П. О. Ковалевский.
Рыжая рабочая лошадь

Н. Г. Сверчков.
В метель

Е. А. Лансере.
Прощание казака
с казачкой (невестой)

Е. А. Лансере.
Прощание казака с
казачкой (женой)

В суровых условиях живут
лошади на Крайнем
Севере. Якутия

В это же время была проделана определенная работа и по созданию хорошей упряжной лошади. Она велась по двум направлениям: во-первых, совершенствовалась существовавшая в то время сравнительно рослая, широкотелая, сильная, но рыхлая русская лошадь путем отбора при улучшении условий кормления и содержания как производящего состава, так и молодняка, получившего название «выкормков»; во-вторых, шло улучшение местных лошадей жеребцами как восточных, так и западных пород, которые во времена Ивана III поступали на княжеские и боярские конюшни в виде подарков от правителей различных государств или в качестве военных трофеев.

Если учесть, что в этот период под Москвой появился и первый конный завод, названный Хорошевским, то уже можно с полным основанием говорить о том, что в начале XVI века существовало отечественное коневодство и коннозаводство.

В массовом коневодстве этого периода продолжается процесс глубокой дифференциации пород лошадей в зависимости от условий существования и методов разведения. Ни в одном из государств Запада и Востока не отмечено таких широких по размаху и разнообразных по приемам как стихийных, так и целенаправленных породообразовательных процессов, какие происходили в ту пору на Руси.

Середина XVI века — период царствования Ивана IV — характеризуется большими внутренними и внешними политическими и военными событиями: произошло присоединение к России Казанского ханства, осваива-

Вольготно лошадям
в центре России.
Московская область

лись земли Поволжья, открылся путь в Западную Сибирь, начались поиски выхода к Балтийскому морю. Эти политические и военные акции сыграли двоякую роль в существовании, становлении и развитии отечественного коневодства. С одной стороны, обогащался породный состав лошадей на внутригосударственном рынке, что положительно влияло на коннозаводство, с другой стороны — бесконечные военные действия вели к гибели большого количества лошадей, что отрицательно сказывалось на состоянии коневодства.

Государство, ведущее войны, для достижения успеха в боевых действиях должно было иметь достаточное поголовье лошадей соответствующего качества. Ряд мероприятий, направленных на развитие коневодства, был предпринят и в царствование Ивана Грозного. К наиболее существенным можно отнести создание конюшенных слобод, которые были ничем иным, как конными заводами. Немаловажное значение имело и то, что к участию в военных операциях, особенно на южных и восточных рубежах России, стали привлекать волжских, донских и яицких казаков, сидевших верхом на быстрых, вертких, выносливых лошадях, благодаря чему они могли легко маневрировать во время сражения.

XVII век для России начался с резкого ухудшения внутреннего и внешнего положения, что пагубнейшим образом сказалось на русском коневодстве. Нанесенный ему ущерб грозил тяжелейшими последствиями, так как все это в первую очередь сказалось на племенном деле. Но вот заключен мир со Шве-

И в наши дни не обойтись
в селе без рабочей лошади.
Мордовская АССР

цией и Польшей. Действия донских и запорожских казаков против Крыма и Турции обеспечили безопасность России на юге. Страна сохранила независимость и приступила к решению своих внутрихозяйственных и внешнеполитических задач. Наступает новый период в истории России. По словам В. И. Ленина, он «...характеризуется действительно фактическим слиянием всех таких областей, земель и княжеств в одно целое. Слияние это вызвано было ... усиливающимся обменом между областями, постепенно растущим товарным обращением, концентрированием небольших местных рынков в один всероссийский рынок»[1].

Расширение внутреннего рынка требовало развития путей сообщения, широкого использования гужевого транспорта, улучшения ямской службы и почтовой связи. Нужна была лошадь сильная, неприхотливая, способная в специфических условиях обширной территории России перевозить грузы на большие расстояния.

Казалось, что после чудовищного удара, нанесенного коневодству страны в XVII веке, не могло быть и речи о его восстановлении и специализации хотя бы в масштабах предыдущего столетия. Однако русские коневоды совместно с коневодами других народов и народностей, живших с ними в пределах единого государства, восстановили отрасль и дали новый толчок ее дальнейшей специализации. В это время определяется районирование коннозаводческой работы. В 1712 году по указу Петра I в Казанской, Азовской и

[1] Ленин В. И. Полн. собр. соч., т. 1, с. 153—154.

Много лет тому назад
люди привели с собой
лошадей на Печору.
Усть-Цильма

Киевской губерниях создаются конские заводы. В 1720 году был учрежден конский завод в Астрахани, куда для разведения рекомендовалось завозить персидских жеребцов и черкасских кобыл. В Архангельск, Пермскую губернию, на берега рек Вятки и Обвинки повелевалось перевести несколько эстонских клепперов для улучшения местных лошадей.

В Московской, Ярославской, Владимирской, Нижегородской, Костромской, Тверской, Псковской и Новгородской губерниях шла работа иного рода. Здесь велось улучшение массовой лошади методами внутрипородного разведения на фоне хороших условий кормления и содержания. В результате появились так называемые возовые лошади, на основе которых впоследствии в Воронежской губернии появились получившие широкую известность и признание воронежские битюги.

Следует отметить одну, довольно характерную черту в работе русских коннозаводчиков, которая просматривается на всем протяжении развития отечественного коневодства,— стремление завезти из стран Востока и Запада племенных и пользовательных лошадей разнообразных пород. Не всегда ввоз лошадей, особенно из стран Западной Европы, был оправдан экономически и приводил к желаемым результатам. Тем не менее в этом была и положительная сторона, так как породное разнообразие племенного материала, которое при этом возникало, облегчало работу по созданию новых специализированных пород лошадей.

Большим породным разнообразием отлича-

лось поголовье лошадей, завезенных в первой половине XVIII века. На 1 января 1740 года в «дворцовых» заводах насчитывалось немецких лошадей 668, неаполитанских — 523, английских — 70, персидских — 46, голштинских — 45, испанских — 44, фрисландских — 38, турецких — 21, датских — 17, арабских— 11, ломбардских — 3.

В течение XVIII века территория России значительно расширяется, заселяются Причерноморье, Приазовье, Кубань, Крым, прокладываются первые мостовые дороги, расширяется сеть грунтовых дорог. Все это требовало увеличения количества хороших транспортных лошадей. Свои требования к коневодству предъявляла и армия, быстрыми темпами увеличивавшая численность и улучшавшая качественный состав кавалерии.

Начиная со второй половины XVIII века в России возникают социальные и экономические предпосылки для широкой творческой и практической работы по созданию новых и совершенствованию существовавших к тому времени пород лошадей. Проводится ряд организационных правительственных мероприятий, создается Главное управление государственного коннозаводства.

Российские коннозаводчики вели работу по качественному улучшению отечественного коневодства в двух направлениях. Одни, и их было большинство, видели решение этой задачи в завозе из Западной Европы лошадей существовавших в те времена специализированных пород с последующим их разведением на частных и государственных конных заводах в «чистоте», а также использовании в качестве улучшателей для получения пользовательной лошади. Другая группа коннозаводчиков встала на путь создания новых отечественных специализированных

В донских степях и сейчас можно увидеть табуны лошадей, но уже не диких...

пород лошадей методом воспроизводительного скрещивания.

Отечественным коннозаводчикам удалось в конечном итоге акклиматизировать и найти племенное применение целому ряду уникальных узкоспециализированных пород, выведенных в странах, географические и климатические условия которых в значительной степени отличались от российских.

Совершенствование качества местных лошадей в то время проходило путем так называемой народной селекции, без использования производителей западноевропейских и восточных пород. В результате появлялись породы, в достаточной степени отвечавшие потребностям народного хозяйства в различных регионах страны. К примеру, развитие сельского хозяйства, горной промышленности и лесного промысла на территории нынешних Кировской, Пермской областей, Удмуртской АССР повышало спрос на хороших упряжных лошадей. Наличие заливных лугов в поймах рек Вятки и Обви, славившихся отличным травостоем, позволило местным коневодам создать в этой лесной зоне Севера России прекрасную упряжную лошадь — выносливую, энергичную, добронравную, хорошо приспособленную к выполнению работ в сельском и лесном хозяйстве, отлично зарекомендовавшую себя как разъездная (троечная) лошадь. Эти качества вятских лошадей обусловили большой спрос на них во многих других губерниях России, причем не только для пользовательных целей, но и для улучшения местных лошадей.

В районах, примыкающих к Северному по-

В предгорьях Кавказа сформировался своеобразный тип горской лошади. Мало-Карачаевский конный завод

лярному кругу, в бассейне реки Печоры, на территории нынешней Коми АССР сформировалась порода, известная под названием печорской. Эти сравнительно некрупные лошади выносливы, очень работоспособны и неприхотливы к условиям кормления и содержания. Печорские лошади хорошо приспособлены к работе по глубокому снегу и на тяжелых суглинистых почвах, не боятся трескучих морозов зимой и кровососущих насекомых летом. В XIX веке они благодаря своим качествам приобрели широкую известность и стали вывозиться в Архангельскую и Вологодскую губернии.

В Западной Сибири, в районе Кузнецкого Ала-Тау, вдоль больших почтовых трактов обосновывались люди, занимавшиеся не только земледелием, но и гужевыми перевозками. Для сельскохозяйственных работ и особенно для более мобильного и успешного обслуживания главнейших трактов требовалась лошадь с лучшими упряжными качествами чем те, которые были присущи издавна существовавшей здесь местной степной лошади. Крестьяне-переселенцы, двигаясь в эти края из Воронежской, Тамбовской, Курской, Орловской и других черноземных областей России, приводили с собой более крупных лошадей, которых использовали как улучшателей местных пород. В результате систематического целенаправленного отбора, обильного кормления в условиях полутабунного содержания была выведена сравнительно крупная, с крепкой конститу-

Молодняк на пастбищах в предгорьях Большого Кавказа

цией и выдающейся выносливостью порода лошадей, названная кузнецкой.

После Великой Октябрьской социалистической революции многое было сделано для дальнейшего совершенствования местных пород лошадей. В 1939—1940 годах представителей вятской породы экспонировали на Всесоюзной сельскохозяйственной выставке. Вятские тройки и сегодня привлекают внимание специалистов коротким быстрым шагом, мелкой, но производительной рысью, своеобразием экстерьерных форм. У вяток грива, челка и хвост длинные, масть в основном саврасая различных оттенков, рост (высота в холке) в пределах 140 см. Основные их достоинства — крепкая конституция, хорошая плодовитость, нетребовательность к условиям кормления и содержания, энергичный темперамент, выносливость в работе.

Для совершенствования качеств печорской лошади в Коми АССР создали Сыктывкарскую заводскую конюшню. В Усть-Цилемском и Ижемском районах были проведены испытания, показавшие хорошую ее подвижность, особенно на шагу,— качество, высоко ценимое местным населением, считающим «ступость» желательным характером движений лошади.

Уход за лошадью
не так-то прост:
ее надо почистить,
помыть,
проверить ковку,
«справиться»
о состоянии
здоровья и уж
после этого
квалифицированно
оседлать

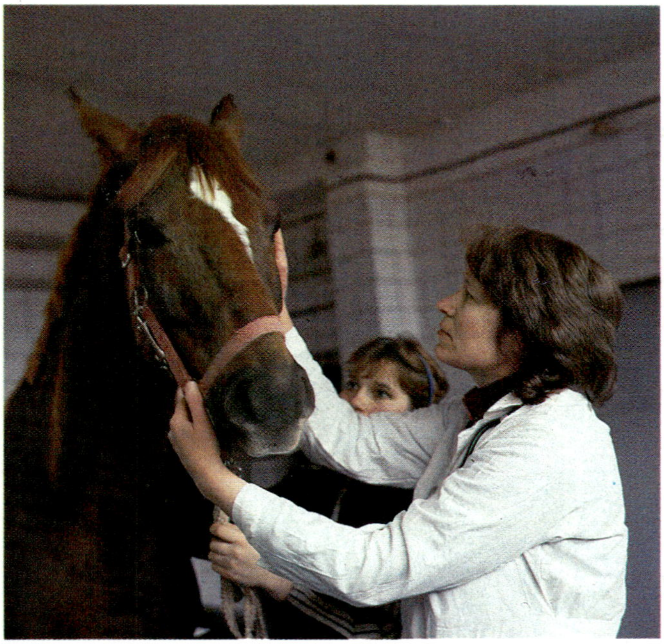

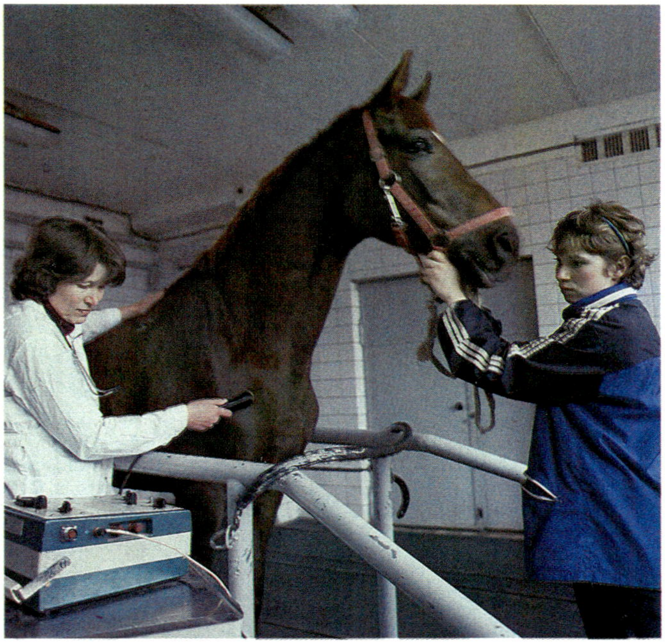

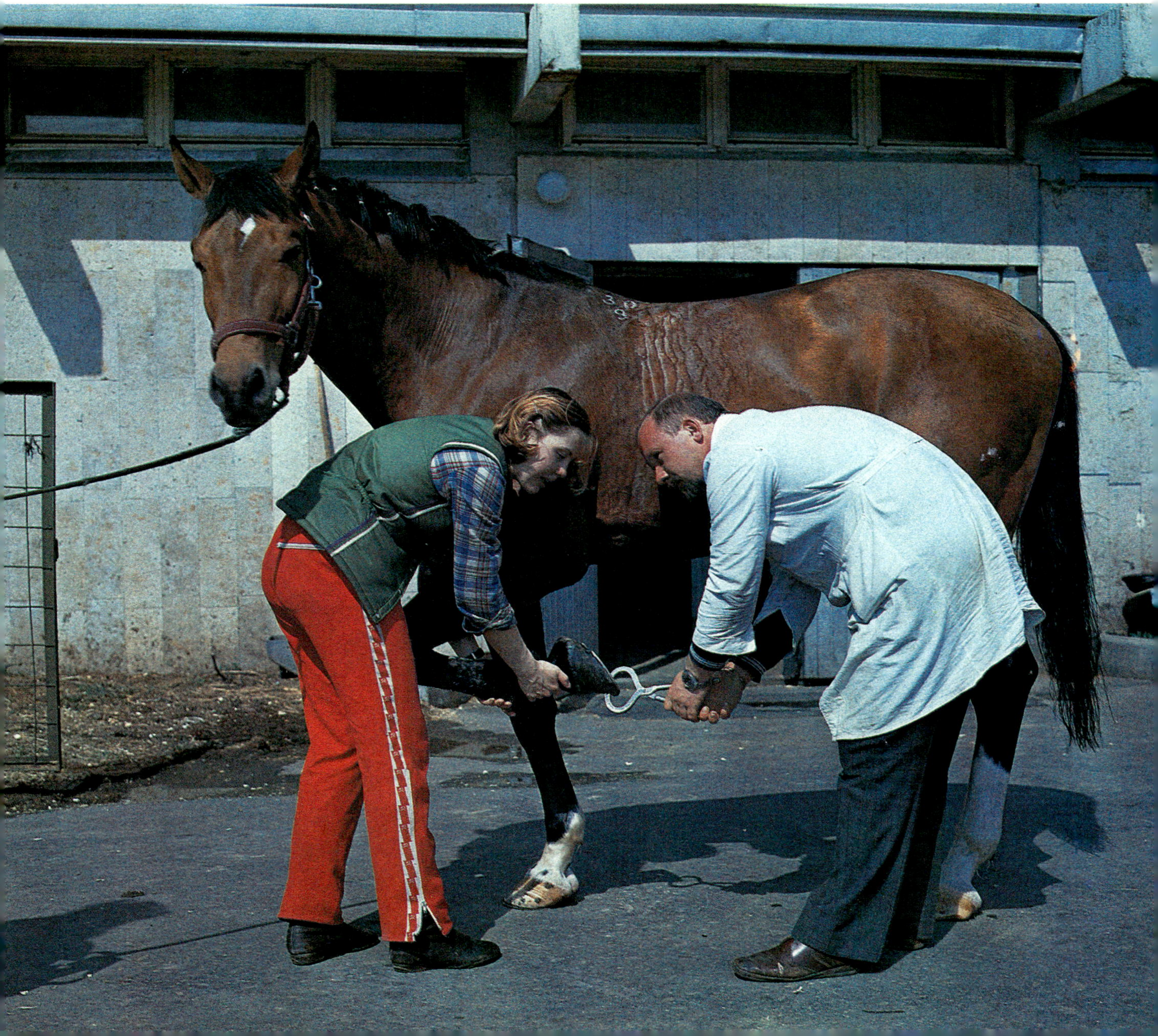

Лошади любят
воду, охотно
идут в нее.
В санатории
при Московском
ипподроме их специально
«прогуливают»
в воде для
восстановления
сил

ВЕРХОВОЕ КОНЕВОДСТВО

Арабская порода

Аравийский полуостров к моменту появления там лошади, названной впоследствии арабской, представлял собой сухие степи, пустыни и полупустыни. В суровых условиях труднодоступных районов обитания арабских кочевников сформировалась быстрая, выносливая, неприхотливая лошадь. Но попадали сюда и лошади других пород, выращенные в сходных условиях. Ценнейшими трофеями для арабов, познавших к этому времени толк в хороших конях и имевших уже опыт их разведения, были среднеазиатские и персидские лошади. В Аравию приводили лучших представителей этих пород и здесь в специфических условиях народной селекции была выведена лошадь, получившая во всем мире высокую оценку и признание за свои пользовательные и племенные качества.

Голова арабской лошади небольшая, короткая, уши тонкие, подвижные, глаза блестящие, выразительные

Естественно, при такой массовой, хотя и направленной селекции должна была возникнуть некоторая внутрипородная разнотипность, что в конечном итоге и проявилось. В общей массе своеобразной породы сложились типы (колена), различающиеся в основном по экстерьерным формам и сходные по интерьерным качествам.

Арабская лошадь имеет пропорциональное и гармоничное телосложение, компактное и округлое туловище с широкой грудью на сухих и крепких конечностях. Особенно впечатляет голова — небольшая, короткая, широкая во лбу, клинообразно суживающаяся к морде, часто с вогнутым профилем. Уши тонкие, подвижные. Глаза выпуклые, темные, блестящие, выразительные. Ноздри большие, способны сильно расширяться. Характерная

Ю. Косак
(1824—1899).
Бедуин с арабским
жеребцом

Г. Н. Степанов
(1894—1959).
Насим. Серый жеребец арабской породы, рожденный в 1922 году от Скворонека и Назры в конном заводе Краббет Парк (Англия).
Выведен в СССР в 1936 году. Родоначальник линии в Терском конном заводе

Н. Г. Сверчков.
Обеян Серебряный. Серый жеребец арабской породы, рожденный в 1851 году от Обеяна и выводной арабской кобылы в конном заводе Р. Сангушко. Основной производитель в Стрелецком конном заводе и Чесменском племенном рассаднике, родоначальник линии в стрелецкой породе

Г. Н. Степанов.
Ценитель. Серый жеребец стрелецкой породы, рожденный в 1910 году от Ценного и Базилики в Стрелецком конном заводе. Использовался при выведении терской породы

черта этой лошади — высоко поставленный, с красивым изгибом, своеобразно отставляемый на ходу хвост. Масть серая, гнедая и рыжая. Лошадь добронравна, с живым темпераментом, неприхотлива, вынослива, имеет хорошее здоровье. Движения у арабской лошади исключительно легкие, она хорошо поддается выездке.

Эти особенности, а также ряд других достоинств объясняют широкую популярность арабской лошади в племенном и пользовательном коневодстве практически на всех континентах и во все времена.

В Россию арабские лошади стали поступать с XVI века. Русские коневоды по достоинству оценили их племенные качества и стали завозить их в частные и государственные конные заводы. Но широкое использование в коннозаводстве они получили только в XVIII столетии. Талантливый русский коннозаводчик граф А. Г. Орлов использовал арабских жеребцов и кобыл при выведении легкоупряжных и верховых пород лошадей. В XIX веке в России уже было более четырех десятков заводов, использовавших арабских лошадей для разведения в чистоте или для скрещивания.

После завершения гражданской войны племенная работа с арабской породой возобновилась. Советские коневоды учитывали ее значение в общем породном фоне. Основное чистокровное поголовье арабских лошадей было сосредоточено на Северном Кавказе, в частности в Терском конном заводе, который был создан 11 февраля 1921 года на территории бывших заводов С. А. Строганова и Султан — Гирея.

В 1944 году Терский конный завод получил официальное направление — разведение чистокровных арабских лошадей. За сравни-

Успешно работают с лошадьми арабской породы в Терском конном заводе. В этом немалая заслуга его главного зоотехника А. М. Пономарева

Маточный табун в Терском конном заводе содержат в условиях, максимально способствующих улучшению породы

тельно короткий срок усилиями специалистов-коневодов выращенные здесь лошади получили мировое признание. Сейчас уже можно говорить о наличии арабского коннозаводства в СССР.

Советские лошади арабской породы сравнительно крупные. Средние промеры жеребцов конных заводов (см): высота в холке — 153, косая длина туловища — 153, обхват груди — 179, пясти — 19.

Арабские лошади отличаются высокой работоспособностью и хорошими спортивными качествами. Молодняк регулярно испытывают на Пятигорском ипподроме. В гладких скачках лошади показывают резвость на

дистанции 1000 м — 1 мин 08 с. В пробегах на 50 км они показали 1 ч 38 мин, на 100 км — 5 ч 07 мин.

Питомцы Терского конного завода получают высокую оценку у специалистов на различных международных выставках. Так, кобыла Катунь (Асуан — Капелла) была названа чемпионкой Европы на выставках в Голландии и Франции в 1978 г. Здесь же высоко были оценены и другие представители Терского конного завода. В ФРГ звание чемпионов получили жеребец Салон (Негатив — Соната) и кобыла Прима (Книппель — Платформа). В 1980 г. на Всеамериканской выставке жеребец Мускат (Салон — Мальпия) и кобыла Пристань (Асуан — Пальмира) были признаны Гранд-чемпионами. Спрос на лошадей Терского конного завода на международном рынке повышается. Отдельные жеребцы оцениваются в миллионы долларов, а за случку с ними взымается плата до 30 тыс. долларов.

В результате правильной, отличающейся преемственностью коннозаводческой работы, ведущейся на протяжении нескольких десятилетий, селекционеры Терского конного завода создали генетически подвижную структуру производящего состава. Все это позволяет совершенствовать работу с породой в нужном направлении.

Для увеличения численности племенного поголовья в Хреновском конном заводе Воронежской области создано отделение арабских лошадей.

Ежегодно в конце июня в Терский конный завод съезжаются зарубежные гости приобрести на традиционном аукционе племенное пополнение для своих заводов

«Прежде чем заплатить за лошадь приличную сумму в валюте, надо ее осмотреть»,— так считает господин Р. Ден Хартог

Чистокровная верховая (английская) порода

Лошадь в Англии пользуется особой любовью с древних времен. Здесь на протяжении длительного исторического периода прослеживается целенаправленное, основанное на вековых традициях ведение коневодства. Ко времени появления чистокровной верховой лошади (XVII век) в стране существовало развитое коневодство, которое велось на основе народной селекции и проведения ряда государственных мероприятий.

Государство, вышедшее к тому времени на передовые позиции в экономике и имевшее сильную армию, поощряло разведение лошадей желательного типа, для чего был установлен определенный стандарт роста, ниже которого их было запрещено содержать, а тем более ставить в производящий состав.

В XVII веке начинается массовый завоз в королевские конные заводы, в хозяйства богатых вельмож лошадей из Испании, Германии, Франции, Северной Африки и с Ближнего Востока. В этот период в Англии становятся популярными конный спорт и охота. Победителей скачек на различные дистанции поощряют ценными правительственными призами. Широкое распространение получают различные пари, вылившиеся в последующем в доходное мероприятие — тотализатор.

К XVIII веку в королевских заводах Англии уже было создано племенное ядро, отличавшееся прекрасными скаковыми достоинствами, высоким качеством потомства. Появилась необходимость в основательной племенной документации, благодаря чему и сегодня можно проследить родословные чистокровных лошадей начиная от основателей этой породы — жеребцов Мэтчема, Хэрода, Эклипса и пятидесяти королевских кобыл.

Мягкий климат, обильное кормление, систематический интенсивный тренинг, напряженные скачки на различные дистанции сформировали лошадь, способную показывать невиданную до того резвость. Это качество явилось основным признаком, по которому велся строгий отбор в производящий состав.

В XIX столетии совершенствование сложившейся к тому времени породы, консолидированной по происхождению и скаковым качествам, велось уже на относительно большом поголовье коннозаводческими методами, основанными на имевшихся в тот период достижениях зоотехнической науки и передовой практики.

Так сформировалась порода верховых лошадей, быстро завоевавшая широкую известность далеко за пределами Британских островов не только за свои выдающиеся скаковые качества, но и как улучшатель многих местных пород.

На первых порах распространения этой лошади в странах Западной Европы и Северной Америки суждения о ее племенных и пользовательных качествах были неоднозначными. Лошадь резвая, но требует к себе большого внимания. Как улучшатель в первом же поколении она повышает резвостные показатели и верховые качества, но часто передает и ряд недостатков, связанных с повышенной требовательностью к условиям содержания и кормления, излишней нервозностью и т. д.

Российские коннозаводчики правильно определили значение лошадей чистокровной верховой породы для совершенствования отечественного коневодства и стали завозить их еще на ранних этапах существования породы. Чистокровных английских жеребцов использовали у нас при выведении русской верховой (орлово-ростопчинской), стрелецкой, донской, буденновской и других пород.

В России сформировался своеобразный тип чистокровной лошади с крепкой конституцией

Чистокровная верховая (английская) порода

В. В. Семенский.
Флореал. Рыжий жеребец чистокровной верховой породы, рожденный в 1908 году от Флоризеля II и Мисс Черчиль в конном заводе М. И. Лазарева. Выиграл Всероссийское дерби в 1911 году. Отец родоначальника отечественной линии Тагора

В. В. Семенский.
Грей Бой. Рыжий жеребец чистокровной верховой породы, рожденный в 1912 году в конном заводе А. Чарторысского от Гувернана и Эпсом Сент. Выиграл Всероссийское дерби в 1915 году. Дед (по материнской линии) выдающегося производителя Гранита II

А. Н. Комаров (1879—1977).
Гранит II. Рыжий жеребец чистокровной верховой породы, рожденный в 1930 году от Тагора и Глицинии в конном заводе «Восход» Краснодарского края. Основной продолжатель линии Тагора

Чистокровная верховая (английская) порода

в работе с той или иной линией в животноводстве вообще и в коневодстве в частности является выбор продолжателя линии, способного не только сохранить в потомстве ее лучшие и характерные качества, но и привнести новые прогрессивные элементы экстерьерного, конституционального и продуктивного порядка. Селекционеры конного завода «Восход» исключительно удачно из большого числа классно скакавших сыновей Тагора выбрали рыжего жеребца по кличке Гранит II. По экстерьеру он мало походил на своего отца. Тагор был некрупный, легкий, укороченного формата, имел высоту в холке 158 см, обхват груди — 174, обхват пясти — 19 см. Гранит II был жеребцом крупным, длинных линий, имел промеры 163—183—20 см.

С первых дней продуцирования Гранита II в качестве производителя был продуманно со-

Выдающихся результатов в коневодческой и коннозаводческой работе добился коллектив госплемзавода «Красноармейский» Краснодарского края под руководством Героя Социалистического Труда А. И. Майстренко

Чистокровная верховая (английская) порода

ставлен подбор маток к нему, приведший к появлению начиная с 1938 года классного потомства, сделавшего своего отца и линию в целом широко известными как в нашей стране, так и за ее пределами. К великому сожалению, потомство Гранита II 1938—1943 годов рождения утеряно в связи с тем, что летом 1942 года все племенное поголовье конного завода, в том числе и сам Гранит II, было захвачено окупантами и в полном составе вывезено в один из частных конных заводов фашистской Германии. После победы Советской Армии в Великой Отечественной войне часть поголовья, среди которых были жеребые кобылы и матки с жеребятами от Гранита II, удалось вернуть. Самого же Гранита II не нашли.

В послевоенный период работники конного завода «Восход» приложили много сил и умения к восстановлению разрушенного хозяйства. Селекционная работа в заводе строилась на основе преемственности по хорошо продуманным планам, что позволило в конечном итоге не только сохранить былой уровень, но и достичь новых успехов в условиях все более повышающейся конкуренции в чистокровном скаковом деле во всем мире. Из линии Тагора вышло большое число классных лошадей, среди которых следует особо отметить правнука Гранита II гнедого жеребца по кличке Аден (Дерзкий — Альфа) — победителя международного Приза Европы в 1978 году.

В конном заводе «Восход» успешно ведется работа как с отечественными, так и с зарубежными линиями. Выращиваемое там поголовье чистокровных верховых лошадей чаще всего соответствует мировым стандартам. Жеребец Анилин (Элемент — Аналогичная), прославивший российское коннозаводство на ипподромных дорожках Европы и Северной Америки, также является питомцем этого хозяйства.

С большим умением и энтузиазмом ведут работу с породой селекционеры Кабардинского конного завода. Хороших результатов добиваются в работе с чистокровной верховой породой в Лабинском конном заводе и в племсовхозе «Красноармейский» Краснодарского края.

Основная задача разведения чистокровной верховой породы заключается в обеспечении племенного и пользовательного коневодства страны высококачественным племенным материалом.

У нас в стране и за рубежом с использованием чистокровной верховой породы создано и совершенствуется множество так называемых полукровных пород. Велико значение лошадей этой породы и в конном спорте.

Тренинг молодняка чистокровных верховых лошадей

В работе с чистокровной породой особое место по своей значимости и сложности занимают тренинг и испытания лошадей. Основная задача тренинга заключается в подготовке организма молодой лошади к длительным в течение скакового сезона (5—6 месяцев) максимальным резвостным нагрузкам на дистанциях от 1 до 4 км.

Тренинг начинается заездкой полу-

В конном заводе «Восход» выращивают лошадей высокого класса, о чем свидетельствует коллекция призов за успехи на ипподромах нашей страны, Европы, Северной Америки

торалетнего молодняка. Жеребят постепенно приучают к уздечке, седлу, другой сбруе. Затем их оповаживают, гоняют на корде, приучают к всаднику.

В течение осени, зимы и в начале весны молодых лошадей подводят к готовности для резвых работ. В конце весны они прибывают на ипподромы, где проходят уже более интенсивный тренинг.

Основной вид испытаний для чистокровных верховых лошадей — гладкие скачки. В возрасте двух лет молодняк испытывают в скачках на дистанциях 1000, 1200, 1400, 1500 и 1600 м. Главным для лошадей этого возраста считается приз имени М. И. Калинина, разыгрываемый в середине скакового сезона на дистанции 1600 м. В трехлетнем возрасте лошадей испытывают в скачках на дистанциях 1200, 1400, 1500, 1600, 1800, 2000, 2800 и 3000 м. Главным для них и центральным в скаковом сезоне является Большой Всесоюзный приз, разыгрываемый на дистанции 2400 м. Он соответствует призу Дерби на зарубежных ипподромах.

Скаковой класс лошадей, их резвостные и дистанционные способности можно объективно оценить уже после испытаний в двух- и трехлетнем возрасте. И только особо успешно скакавших трехлетних жеребцов оставляют для выступлений в четырехлетнем возрасте. Они проходят испытания на дистанциях 1200, 1500, 1600, 1800, 2000, 2400, 3000, 3200 и 4000 м. Главным для них является приз имени СССР, разыгрываемый на дистанции 3200 м.

Резвостные показатели у лошадей чистокровной верховой породы в гладких скачках значительно более высокие, чем у представителей любой другой верховой породы.

Русская верховая (орлово-ростопчинская) порода

Потомки русской верховой породы на пастбище. Старожиловский конный завод, Рязанская область

Создание первых заводских пород в России началось в Хреновском конном заводе, основанном графом А. Г. Орловым-Чесменским в привольных степях Воронежской губернии. Здесь велась продуманная, целенаправленная работа по созданию пород верховых и упряжных лошадей. Она была организована широко, со знанием дела, с предвидением конечного результата, на основе имевшихся в те времена теоретических разработок и практических навыков совершенствования пород и создания новых.

... В подмосковный конный завод графа А. Г. Орлова в 1775 году был приведен из Турции бурый жеребец Салтан 1, а в 1776 году из Аравии — серебристо-серый жеребец Сметанка. Обе лошади, несмотря на крайне непродолжительный срок продуцирования (каждый в течение одного года), сыграли основополагающую роль в создании двух уникальных по тем временам пород — русской верховой и орлово-ростопчинской.

В 1777 году в Хреновском заводе от Салтана 1 и арабской кобылы по кличке Гульливая родился гнедой жеребец Салтан 2, в котором коневоды увидели многие будущие черты новой породы. Салтана 2 широко использовали в племенной работе, и в результате настойчивых поисков соответствующего сочетания были получены четыре лучших его сына:

Высокий рост, красота внешних форм, крепость конституции — характерные признаки орлово-ростопчинской лошади

Н. Г. Сверчков.
Амазонка на лошади
орлово-ростопчинской
породы

Н. Г. Сверчков.
Яшма II. Гнедой жеребец
орловской верховой
породы, рожденный
в 1833 году от Яшмы 1
и Венеры в Хреновском
конном заводе

**Неизвестный художник.
XIX в.
Ашонок. Гнедой жеребец
орловской верховой
породы, рожденный
в Хреновском конном
заводе**

гнедой Добровольный 1 от полукровной кобылы Грузной, два родных брата — гнедые Свирепый 1 и Свирепый 2 от полукровной кобылы Уютной, гнедой Постоянный 1 от англо-датской кобылы Красавцевой. Все четыре сына Салтана 2 были оставлены в конном заводе. Каждый из них стал основателем своей линии. Однако в полной мере задуманному А. Г. Орловым желательному типу лошади соответствовал лишь Свирепый 2, который был безупречен в экстерьерном отношении, добронравен, показывал хорошие способности в езде. Для дальнейшего совершенствования зарождающейся породы продолжали работу и с другими линиями во избежание появления признаков инбредной депрессии в случае использования в производящем составе единичных производителей. В этом отношении удачной оказалась генеалогическая ветвь, отпочковавшаяся от знаменитого серебристо-серого жеребца Сметанки — основателя другой орловской породы, но уже упряжной. От Сметанки и чистокровной верховой кобылы по кличке Охотничья в 1778 году родился серый Фелькерзам 1, оказавшийся вторым по значению жеребцом в период становления русской верховой породы.

Дальнейшая работа А. Г. Орлова и его преемника, бывшего крепостного В. И. Шишкина, по созданию и совершенствованию верховой породы может служить классическим образцом породообразовательного процесса в животноводстве вообще и в коневодстве — в частности. Тщательный отбор, основанный на комплексной оценке каждой лошади, глубоко продуманный подбор, рациональные приемы выращивания молодняка, а также строгое соблюдение условий содержания производящего состава — вот те основные при-

Племенной молодняк и матки с жеребятами на заливных лугах в пойме реки Истьи

Заслуженный мастер спорта СССР Ю. А. Ковшов на вороном жеребце Барине, питомце Старожиловского конного завода, победителе первенства СССР в группе молодых лошадей (1986 год) и Кубков СССР и города Москвы (1987 год)

емы зоотехнической работы, которые позволили получить таких неповторимых по своим экстерьерным и интерьерным качествам лошадей, как Ашонок, Яшма 1, Яшма 2 и многих других. В XIX столетии орловская верховая порода получила широкое распространение по всей России — она отвечала самым высоким требованиям, предъявляющимся к лошади в то время. А такие представители этой породы, как Франт, Факел и Фазан, на Всемирной выставке 1867 года в Париже были удостоены высшей награды.

Через четверть века после основания А. Г. Орловым Хреновского конного завода граф Ф. В. Ростопчин завел свой конный завод в селе Вороново Московской губернии. Он проводил спаривания арабских жеребцов с кобылами чистокровной верховой породы. Почти все получаемое потомство проходило скаковой тренинг и испытания, в которых лошади показывали хорошие результаты. В последующем племенная работа шла по методу воспроизводительного скрещивания, в результате чего сформировалась большая группа лошадей с хорошим экстерьером, крепкой конституцией и высокой резвостью.

В 1845 году конные заводы А. Г. Орлова и Ф. В. Ростопчина были проданы в казну. На первых порах племенная работа с орловской и ростопчинской породами велась раздельно, но в последующем постепенно кобыл ростопчинской породы стали подбирать к жеребцам орловской верховой, что в конечном итоге привело к образованию уникальной для того времени группы лошадей, названных впоследствии орлово-ростопчинскими. Для них характерны высокий рост, красота внешних форм, преимущественно темные масти, хорошая резвость, выносливость, крепость конституции, хорошее здоровье. Несомненно, эти

качества не могли остаться без внимания в среде коневодов и не только в России, но и далеко за ее пределами. Порода получила признание и высокую оценку на различных выставках на родине и за рубежом. Жеребец Приятель на Всемирной выставке 1893 года в Чикаго был признан лучшей верховой лошадью и продан за колоссальную для того времени сумму — 10 тысяч рублей. На выставке в Париже 1900 года жеребец Баянчик был отмечен золотой медалью. В 1921 году на выставке в Лондоне жеребец Воробей получил первую премию.

Во время первой империалистической и гражданской войн поголовье лошадей орлово-ростопчинской породы было практически полностью уничтожено. В начале 30-х годов по инициативе С. М. Буденного начались работы по восстановлению породы. Потребовалось огромное терпение и трудолюбие, чтобы уже к 1939 году на Всесоюзной сельскохозяйственной выставке можно было экспонировать группу лошадей этой породы, получившей название русской верховой.

Именно эти лошади уцелели во время Великой Отечественной войны. С ними была начата работа в Красногвардейском конном заводе Свердловской области, куда их доставили из Москвы. Работникам конного завода удалось создать большую группу племенных лошадей, близких по типу к русской верховой породе. Однако в последующем эта работа не получила поддержки и прекратилась. Под научным и методическим руководством сотрудников кафедры коневодства Московской сельскохозяйственной академии имени К. А. Тимирязева на базе Старожиловского конного завода Рязанской области начата работа по воссозданию отечественной русской верховой породы.

На выводке
в Старожиловском
конном заводе

На проездке
тренмолодняка в
Старожиловском парке
фон Дервиза

Донская порода

Родина донской лошади — привольные южнорусские степи, примыкающие к Дону и его притокам. С началом образования системы казачьих поселений здесь возникло собственное, своеобразное по системе ведения коневодство. Жизненный уклад требовал наличия у каждого «вольного» казака лошади, способной существовать в довольно суровых условиях содержания и исполнять различные по своему характеру работы. В результате сформировалась смелая, осторожная, понятливая, твердая «характером», не боящаяся невзгод лошадь, поначалу некрупная, сухая, похожая на лошадей, имевшихся у кочевых

Довольно крупный рост, массивное телосложение, крепкая конституция — характерные признаки современной донской породы

племен, окружающих места поселений донских казаков. В последующем эта лошадь, получившая название старо-донской, постепенно улучшалась в экстерьерном отношении лошадьми восточных пород.

В XIX веке на Дону организуются крупные частные конные заводы, в которых применяются соответствующие методы селекционной работы. Здесь создается и быстро размножается новый тип донской лошади, предназначенный в основном для кавалерии.

За годы империалистической и гражданской войн донское коневодство пришло в упадок. Отступая, белогвардейские части, в составе которых находились и контрреволюционно настроенные казаки, перегоняли табуны донских лошадей на Кубань и к Черноморью, где они гибли.

С приходом на Дон Советской власти начался новый этап в истории донской породы.

Е. А. Лансере.
Разъезд донских казаков

Легендарная тачанка

Зоотехник-селекционер
О. Барашкова
с донским жеребцом.
Буденовский
конный завод

В 1920—1921 годах на территории нынешней Ростовской области были созданы военные конные заводы, которые комплектовались сохранившимся племенным составом бывших частных коневодческих хозяйств. Благодаря большой работе, проделанной специалистами заводов и сельскохозяйственных органов Ростовской и прилегающих к ней областей, начались быстрый количественный рост и качественное улучшение породы. Была коренным образом пересмотрена технология выращивания молодняка, введен культурно-табунный метод содержания, налажены учет и оценка происхождения, тренинг и испытания лучших представителей породы. Наиболее крупным очагом разведения донской породы стал конный завод имени С. М. Буденного, где были собраны лучшие ее представители. Донская лошадь получила широкое распространение не только в соседних степ-

Парная запряжка на зимнем празднике

ных областях, но и на Северном Кавказе, в Зауралье, Казахстане, степных районах Красноярского края, Читинской области, в горных районах Киргизии, так как ее акклиматизационные возможности очень велики. Везде с ней работают как в племенном, так и в пользовательном коневодстве.

В годы Великой Отечественной войны основные районы разведения донской породы были временно оккупированы. Однако лучшую часть племенного поголовья удалось эвакуировать и сохранить, что позволило в послевоенное время продолжить совершенствование породы.

Лошади донской породы имеют достаточно крупный рост, массивное телосложение, обладают крепкой конституцией, долговечны, плодовиты. Большинство из них рыжей масти.

Высокой оценки заслуживает работоспособность донских лошадей как под седлом, так и в упряжи. Они выносливы, неприхотливы к корму и условиям содержания, способны выдерживать длительные переходы в различные времена года в суровых условиях. Эти качества в полной мере проявились в военное время.

Донских лошадей используют в районах табунного коневодства в качестве улучшателей местных пород.

Буденновская порода

В первые годы Советской власти в нашей стране остро ощущался недостаток в хороших верховых лошадях и поэтому наряду с работами по восстановлению донской породы, численность которой была очень мала, группой селекционеров под руководством С. М. Буденного было предпринято скрещивание донских лошадей с чистокровными верховыми в конных заводах имени С. М. Буденного и имени Первой Конной армии Ростовской области. Первые результаты спаривания жеребцов чистокровной верховой породы с донскими и черноморскими кобылами дали обнадеживающие результаты. Дальнейшая селекционная работа направлялась на создание новой породы, которая получила бы от чистокровной лошади хорошие верховые и резвостные качества, от донской — массивность телосложения, крепкую конституцию, способность размножаться и развиваться в условиях культурно-табунного содержания и стойко переносить неблагоприятные климатические условия.

К 1948 году основные селекционные и технологические мероприятия плана создания новой породы были выполнены, порода апробирована. Она была названа буденновской. Получилась лошадь крепкой конституции, массивного телосложения, энергичная, с хорошим верховым экстерьером и производительными движениями на всех аллюрах, высокой резвостью, способная к выездке. Преобладающая масть рыжая и золотисто-рыжая, встречается бурая, гнедая и темно-гнедая.

Крепкая конституция, хорошие верховые формы, высокая резвость — отличительные качества буденновских лошадей

Скачки на Ростовском ипподроме пользуются большой популярностью и проходят в присутствии многочисленных любителей и истинных знатоков скакового спорта в праздничной и торжественной обстановке

В породе различают и культивируют три внутрипородных типа: массивный (густой) — лошади очень крупные и массивные, обладают хорошей приспособляемостью к культурно-табунным условиям содержания, пригодны для работы в упряжи и под седлом; восточный — лошади характеризуются своеобразной восточной породностью, сухостью конституции, энергичностью темперамента, выносливостью в работе, однако по сравнению с лошадьми массивного типа они более требовательны к условиям кормления и содержания; средний — лошади с более ярко выраженными чертами чистокровной верховой породы, имеют хорошую мускулатуру, высокие резвостные способности.

В 1946 году на лошадях буденновской породы был совершен пробег по маршруту Сальск — Ростов-на-Дону длиной 200 км при температуре воздуха до +40°C. Это расстояние было пройдено за 18 ч 25 мин и после двухчасового отдыха на контрольном галопе лошади показали нормальную работоспособность.

В 1950 году при испытаниях в максимальном суточном пробеге под всадником жеребец Занос прошел 309 км, жеребец Сбор — 300, жеребец Сабур и мерин Сургуч прошли по 275 км.

Лошади буденновской породы успешно выступают в различных видах конного спорта и пользуются спросом на международных аукционах.

Терская порода

Выступление в цирке джигитов Северной Осетии под руководством народного артиста РСФСР Ирбека Кантемирова на лошадях терской породы

В XIX веке в числе прочих верховых пород лошадей, нашедших применение в военном деле и спорте, становятся известными стрелецкие лошади, названные так потому, что их разводили в Стрелецком конном заводе. Эти лошади были получены от скрещивания арабских лошадей с отечественными верховыми породами. Основное их достоинство состояло в том, что, обладая нарядностью арабской лошади, они были крупнее их, более приспособлены к нашему климату и не столь требовательны к условиям содержания.

К сожалению, к началу становления советского коневодства и коннозаводства сохранились лишь два жеребца этой породы — Цилиндр и Ценитель, несколько кобыл, поэтому о восстановлении породы в чистом виде не могло быть и речи. Однако народному хозяйству и для военных целей требовались лошади такого качества. В связи с этим перед селекционерами Терского военного конного завода, занимавшимися с 1921 года производством ремонтной военной лошади, была поставлена задача вывести верховую лошадь, которая сочетала бы в себе породность, нарядность, отличные движения с жизнестой-

Нарядность, хорошие верховые формы лошадей терской породы сочетаются с крепостью конституции и нетребовательностью к условиям содержания костью, свойственной нашим аборигенным породам. Поскольку прообразом планируемой породы в какой-то степени должна была послужить стрелецкая лошадь, в 1925 году в конный завод были переведены в качестве производителей жеребцы Цилиндр и Ценитель.

Серый жеребец Цилиндр родился в 1911 году от светло-серого жеребца стрелецкой породы Ценного и серой стрелецкой кобылы Пихты, имел высоту в холке 155 см, косую длину туловища — 155, обхват груди — 181, обхват пясти — 19,5 см. Он был типичным представителем своей породы — имел прекрасный характер, живой темперамент и безукоризненные движения.

Серый жеребец Ценитель родился в 1910 году от Ценного и светло-серой кобылы стрелецкой породы Базилики, имел высоту в холке 153 см, косую длину туловища — 153, обхват груди — 178, обхват пясти — 19 см. По характеру был добронравным, энергичным. Оба жеребца явились родоначальниками новой отечественной верховой породы, названной по имени конного завода, где была начата работа, терской. При выведении этой породы применяли метод воспроизводительного скрещивания с использованием на первых порах близкого инбридинга на родоначальников породы.

В 1945 году все помесное поголовье Терского конного завода перевели в Ставропольский конный завод, где продолжалась работа по формированию породы. В этом хозяйстве наряду с обычными приемами селекционной работы, проводившейся в Терском конном заводе, при отборе стали строго учитывать приспособляемость лошадей к условиям культурно-табунного содержания. Все вместе взятое привело к созданию породы, в которой нарядность арабской лошади, хорошие верховые формы, добронравность и быстроаллюрность сочетаются с выносливостью, крепостью конституции, хорошей плодовитостью и нетребовательностью к условиям содержания, то есть качествами, присущими лошадям аборигенных пород. Лошади терской породы легки в движении, хорошо поддаются к выездке, поэтому их широко используют в конном спорте и в цирке.

Жеребцов терской породы используют в качестве улучшателей в Ставропольском крае, Дагестане, Азербайджане, Грузии и Таджикистане.

Маточный табун терских лошадей. Ставропольский конный завод

Горские породы Северного Кавказа (кабардинские и карачаевские лошади)

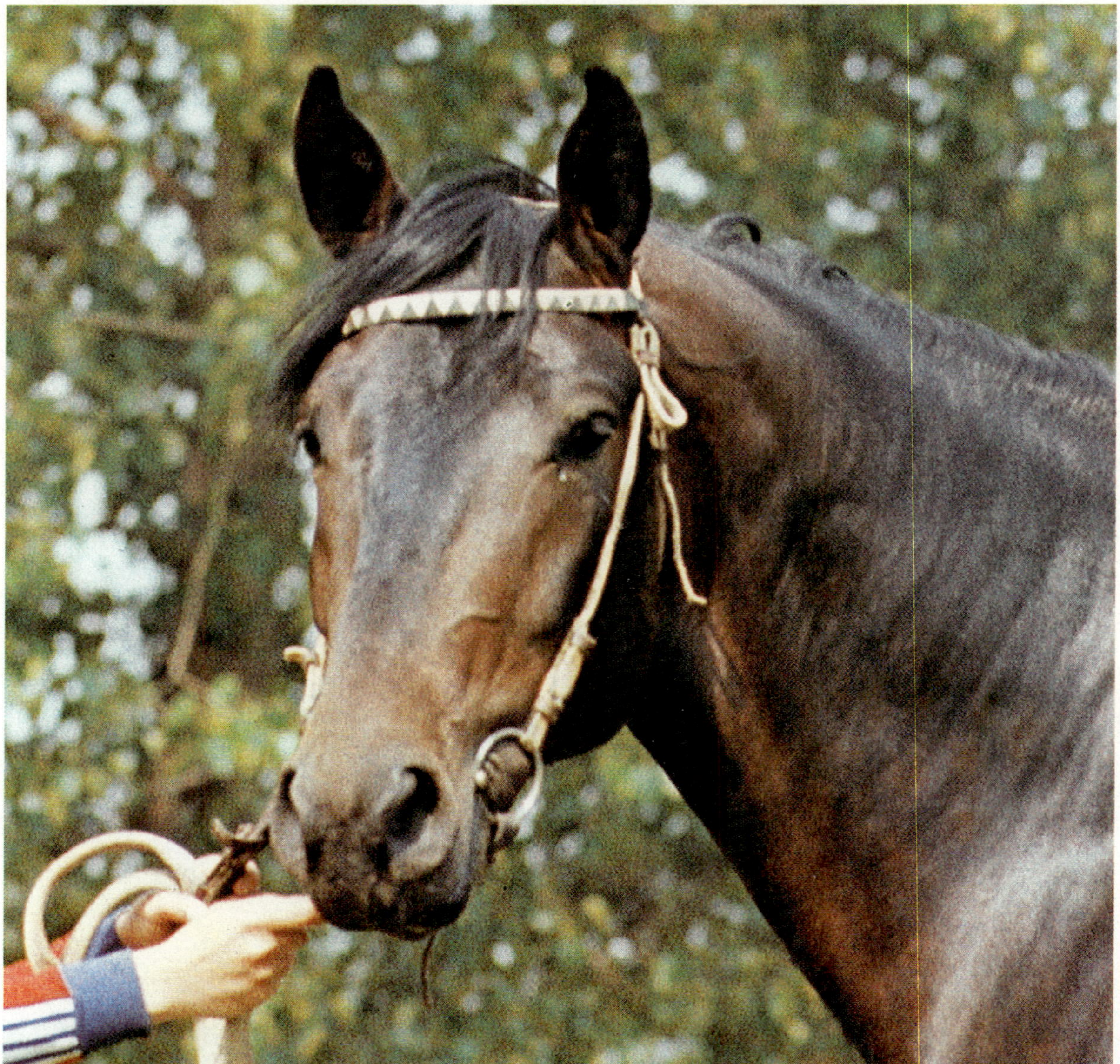

С давних пор народы Северного Кавказа, осваивая в качестве места жительства горные местности, приводили туда с собой различных домашних животных. Не все из них прижились в новых суровых условиях, но лошадь, являясь по происхождению сугубо степным животным, в полной мере проявила свои широкие адаптационные возможности и приспособилась к жизни и работе в горах.

Благодаря постоянному вниманию со стороны человека к условиям выращивания и терпеливому, творческому подходу к разведению лошадей в местах расселения кабардинцев, карачаевцев и других народов Северного Кавказа сформировался своеобразный тип горской лошади.

Кабардинские и карачаевские лошади имеют сухую, крепкую конституцию

Кабардинская и карачаевская породы выведены путем улучшения местных лошадей восточными жеребцами. Специфические условия существования наложили свой отпечаток на их экстерьерные и интерьерные качества. Табунное содержание летом на пастбище в горах с сильно пересеченным рельефом при резких колебаниях температуры и влажности, а зимой в предгорьях и на равнине с незначительной подкормкой сеном способствовали выработке у этих лошадей приземистости, хорошей подвижности, особой стойкости к невзгодам существования.

Систематическое передвижение в горной местности по твердому, каменистому грунту требовало от них хорошей ориентировки, осторожности на горных тропах, способности легко преодолевать подъемы и спуски, исключительной прочности копыт. Все эти качества учитывали при отборе лошадей на племя.

Лошадей кабардинской и карачаевской пород разводят и широко используют в предгорной и горной зонах всех республик, краев и областей Северного Кавказа.

Лошади кабардинской породы имеют верховый тип сложения, сухую конституцию и характеризуются высокой работоспособностью под седлом в горной местности. В 1935 году был организован конный пробег вокруг Кавказского хребта общей продолжительностью 3000 км. Лучшие результаты показали лошади кабардинской породы. Весной 1936 года одна из них в распутицу прошла 550 км от Пятигорска до Ростова за четыре с половиной дня с максимальным суточным переходом 150 км. Лошадей кабардинской породы выращивают в Малкинском конном заводе и на племенных фермах колхозов и совхозов Кабардино-Балкарской АССР.

Лошади карачаевской породы близки по типу и особенностям экстерьеров к кабардинским, обладают исключительно крепкой конституцией и высокой плодовитостью. Однако они более универсальны — хорошо работают под седлом и в упряжи. Разведением лошадей карачаевской породы занимаются Мало-Карачаевский конный завод и ряд племенных коневодческих ферм Карачаево-Черкесской автономной области.

На базе кабардинской и карачаевской пород в Малкинском и Мало-Карачаевском конном заводах ведется работа по выведению новой породы полукровных лошадей. В основе ее лежит метод воспроизводительного скрещивания путем спаривания кабардинских и карачаевских кобыл с жеребцами чистокровной верховой породы. Уже сейчас получены лошади с большей выраженностью верхового типа, чем у кабардинской и карачаевской пород, более рослые, с хорошими резвостными и спортивными показателями.

Специфика горных пастбищ сильно сказалась на породных признаках горских лошадей. Мало-Карачаевский конный завод

Так проходят
«младенческие»
и «отроческие»
годы наших
верных друзей
и помощников.
Чтобы они были
здоровыми,
крепкими,
выносливыми,
зимой их
закаляют на снегу,
летом дают вволю
погулять на
пастбищах

На международном аукционе в 1-м Московском конном заводе покупателям показывают лошадь в свободном движении, преодолении препятствий, под седлом

5

РЫСИСТОЕ КОНЕВОДСТВО

Орловская рысистая порода

В XVIII веке повсеместно — в странах Западной и Восточной Европы, Северной Америке — возникла острая потребность в легкоупряжной сильной лошади для использования в сельском хозяйстве и для перевозок. В Англии, США, Франции и других государствах велись работы в этом направлении, здесь были отдельные экземпляры, полученные в случайных сочетаниях модного в те времена скрещивания различных упряжных лошадей с чистокровной верховой (английской) породой. Понятие «рысак» относилось к лошадям, бегущим резвой рысью, но с породой это понятие еще не отождествлялось.

Нарядная, крупная, гармоничного сложения лошадь — таков современный орловский рысак. Пион — серый жеребец, рожденный в 1966 году в Дубровском заводе, рекордист на дистанциях 1600 и 3200 м, выдающийся производитель

Россия со своими бескрайними просторами, простирающимися на тысячи километров, больше чем какая-либо другая страна нуждалась в крупной выносливой рысистой лошади. По российским дорогам и трактам в ту пору сновали крепенькие, трудолюбивые вятки, мезенки, казанки, другие местные лошадки, но все они были слишком низкорослыми. По проспектам и мостовым дорогам в столичных и губернских городах кареты передвигали крупные упряжные лошади иностранных пород, малоподвижные, медленные на рыси. Создать нужную породу удалось в России графу А. Г. Орлову. Во время своего пребывания на Ближнем Востоке и в странах Западной Европы он приобрел в большом количестве и поставил на свои конные заводы жеребцов и кобыл из Турции, Аравии, Персии, Англии, Дании, Испании, Италии. Однако ни одна из этих иностранных пород не

обладала при чистопородном разведении желательными качествами. Среди имевшихся в большом количестве помесных лошадей, полученных в результате разнообразных межпородных скрещиваний, тоже не было нужного образца. Но А. Г. Орлов и его помощник В. И. Шишкин, применив невиданные для того времени по масштабам организации и глубине замыслов приемы коннозаводческой работы, создали в Хреновском конном заводе новую специализированную породу — орловскую рысистую.

После долгих поисков в результате удачно найденного арабо-датского сочетания, а именно от знаменитого арабского жеребца Сметанки и буланой датской кобылы был получен жеребец Полкан 1. От него и серой голландской кобылы родился Барс 1, ставший прообразом, а в последующем родоначальником того типа лошадей, в котором остро нуждалось российское коневодство. В то же время неуклонно применялась новая технология кормления и содержания производящего состава, условия выращивания молодняка были продуманы до мельчайших деталей, что в большой мере способствовало более полному проявлению наследственных задатков помесного потомства.

Своим внешним видом и качеством хода Барс 1 вызывал восхищение у всех, кто его наблюдал. В нем сочетались сила, красивая резвая рысь с крупным ростом (2 аршина 5 вершков, то есть 166 см) и гармоничным сложением. В 1791 году в семилетнем возрасте он поступил в завод и продуцировал в течение 17 лет в качестве ведущего жеребца-производителя. Это был следующий, более сложный этап работы по созданию новой породы. Желательный тип был найден, но надо было закрепить его в ряде поколений.

На летних пастбищах и зимней тренировочной дорожке. Хреновской и 1-й Московский конный заводы

А. Г. Орлов, а после его смерти В. И. Шишкин успешно справились с поставленной задачей. Они использовали метод воспроизводительного скрещивания. Результатом большой творческой работы явилось создание линий и семейств выдающихся жеребцов и кобыл. На первом этапе наиболее ценными оказались сыновья Барса 1 — Любезный 1 и Лебедь 1.

Вороной Любезный 1 родился в 1794 году, был рослый (около 160 см), с легкой головой на красивой шее, отличался хорошим резвым ходом. Серый Лебедь 1 родился в 1804 году, был сухим, очень нарядным жеребцом на высокой, резвой рыси. В дальнейшем развитие и совершенствование породы по мужской линии шло в основном через детей, внуков, правнуков и других потомков этих знаменитых жеребцов.

Не меньшее значение в становлении породы имели хорошо продуманные приемы тренинга и испытаний молодняка, способствовавшие правильной оценке их работоспособности при постановке на племя.

В России к этому времени не существовало никакой организации испытаний ни верховых, ни упряжных лошадей. Все, что касалось конских состязаний, относилось к области любительства, в основе которого лежало желание народа показать свою удаль, молодечество и доброго коня. В Москве особенно широкий размах приобретали конские состязания в упряжке зимой на Москве-реке после того как станет лед. Начинались «гуляния» с выездов, на которых демонстрировали бего-

Квадрат — чемпион орловской рысистой породы. Скульптура Э. Н. Гилярова, установлена в 1-м Московском конном заводе

Орловский жеребец Проспект (рожд. 1978 г.). Рекорд резвости 2 мин 01,6 с в 1984 году. Хреновской конный завод

Кипр — выдающийся жеребец орловской рысистой породы, рожденный в 1962 году от Помпея и Крутизны в 9-м Пермском конном заводе. Победитель Большого Всесоюзного приза в 1986 году под управлением мастера-наездника М. В. Козлова

вые и внешние достоинства лошадей. После «заочного» соперничества, соответствующих прикидок и раззадориваний шли вызовы, сопровождавшиеся «закладами», и начинались лихие состязания.

А. Г. Орлов впервые организовал зимние и летние состязания в упряжи не как случайные, развлекательные игры, а как планомерные, систематические мероприятия по испытанию племенного молодняка на резвость. Эти соревнования в Москве, а в последующем и в Петербурге быстро приобрели известность и популярность. Состязаться с орловскими рысаками в резвости на различные дистанции остальным упряжным лошадям становилось не под силу. Особенно впечатляющим был успех знаменитого орловца двенадцатилетнего гнедого жеребца по кличке Бычок. В 1836 году запряженный в беговые дрожки он прошел дистанцию в 3200 м за 5 мин 45 с и установил небывалый рекорд. Жеребец был за огромные деньги куплен Д. П. Голохвастовым и поставлен в завод, где дал хорошее потомство. Орловские рысаки получили всеобщее признание не только как хорошие беговые лошади, но и как улучшатели. Спрос на них был очень велик.

В 80-х годах XIX столетия частных конных заводов, в которых разводилась орловская рысистая порода, было уже свыше трех тысяч. Российское коневодство получило крупных, нарядных, довольно массивных, костистых легкоупряжных лошадей. Они принесли мировую славу русскому коннозаводству. На них был устойчивый спрос в Германии, Австрии, Франции, Голландии, США и других странах.

До начала XX столетия работа с орловской породой велась в соответствии с теми задачами, которые намечались при ее создании,—

улучшение резвостных показателей при сохранении типа и упряжных форм.

В конце XIX века в Северной Америке и Западной Европе широкое распространение получил беговой спорт. Коннозаводчики, разводившие беговых лошадей, перешли к селекционной работе по одному признаку — резвости. В этом деле наибольших успехов добились коневоды Америки, создавшие специализированную беговую лошадь. В силу жесткой селекции резвость американского рысака на стандартной дистанции в 1600 м быстрыми темпами улучшалась из поколения в поколение. В 1903 году в США на эту дистанцию были установлены рекорды мерином Мэджором Дилмером — 1 мин 59 с и кобылой Лу Диллон — 1 мин 58,5 с.

Началось быстрое проникновение американской беговой лошади, американского метода тренинга и испытаний, а также сбруи, упряжи и беговых экипажей во многие страны Западной Европы и в Россию. Крупному, с хорошими упряжными формами орловскому рысаку становилось все труднее конкурировать с резвой, хотя и более мелкой и легкой американской лошадью на беговой дорожке. Некоторые российские коннозаводчики пошли на скрещивание американского рысака с орловским, желая получить помесное потомство с лучшей резвостью. В таких условиях само существование орловской лошади было поставлено под угрозу.

Но были предприняты меры для сохранения необходимого для отечественного коневодства массового улучшателя упряжных лошадей и одновременно усилена племенная работа в сторону улучшения резвости методом чистопородного разведения. Из практики мирового рысистого коннозаводства были взяты лучшие, передовые по тому времени приемы

Под надежным,
постоянным материнским
присмотром растут
здоровые жеребята,
будущие рекордисты
и победители.
1-й Московский
конный завод

и методы тренинга лошадей и творчески приложены к накопленному отечественному опыту ведения бегового дела, совершенствовались ипподромные испытания и беговая техника (сбруя, упряжь, экипажи).

В 1890 году орловский жеребец Вьюн, сын Удалого, прошел дистанцию в 3200 м за 4 мин 54,4 с, в 1894 году его полубрат по отцу Лель (Удалой — Ларочка) улучшил это время до 4 мин 46 с, а в начале XX века рекорд на эту дистанцию, показанный серым жеребцом Питомцем, был равен уже 4 мин 35,6 с. Прогрессировала резвость орловского рысака и на основной стандартной дистанции в 1600 м. В 80-х годах прошлого столетия рекорд резвости на ней еще не превышал 2 мин 20 с. Лучшее время впервые было показано в 1894 году жеребцами Милым — 2 мин 15,4 с и Лелем — 2 мин 16 с. В 1900 году жеребец Питомец преодолел 1600 м за 2 мин 14,2 с. Таким образом, в течение 10 лет рекорд резвости орловского рысака на различных дистанциях улучшился почти на 10 с — факт, указывавший на наличие в породе резерва резвостных качеств. С 1907 по 1913 год на беговой дорожке Московского ипподрома выступал знаменитый орловский рысак серый жеребец Крепыш от Громадного и Кокетки. Он установил рекорды на дистанции 1600 м — 2 мин 08 с, 3200 м — 4 мин 25,7 с.

После 1917 года работу с породой стали вести по единому плану. Национализация помещичьих имений и конных заводов позволила положить конец бессистемному скрещиванию орловских рысаков с американскими. Появились условия для развития и совершенствования породы. Были разработаны планы племенной работы как в целом с породой, так и отдельно по конным заводам. Ведущим по работе с орловской породой вновь стал Хре-

Современная конюшня в 1-м Московском конном заводе и старинная — в Хреновском

новской конный завод. Здесь было выращено много элитных лошадей. Серый жеребец Улов от Ловчего и Удачной в 30-х годах с большим успехсм выступал на Московском ипподроме и показывал результаты в беге: на 1600 м — 2 мин 02,2 с, на 3200 м — 4 мин 20,6 с.

В настоящее время работа с орловской породой успешно ведется в Хреновском, Московском, Ново-Томниковском и Пермском конных заводах. Традиционно продолжается практика разведения орловского рысака по линиям и семействам. Ведущее значение в породе имеют линии Барчука (Барин Молодой — Молния), Ловчего (Кронпринц — Леда), Воина (Птенец — Война), Ветерка (Вий — Утрата), Отбоя (Бурелом — Опора), Пилота (Гиацинт — Пеночка), Ветра (Бубенчик — Витрогонка).

Значительно возрос резвостный класс орловских рысаков в целом по породе, были улучшены рекорды. Так, если в период с 1921 по 1930 год лошадей класса 2 мин 10 с и резвее не было ни одной, то к настоящему времени их ежегодно насчитывается до 30. Абсолютными рекордистами по породе являются: на дистанции 1600 м жеребец Пион (Отклик — Приданница) с резвостью 2 мин 00,1 с, на дистанции 2400 м жеребец Улов (Ловчий — Удачная) с резвостью 4 мин 13,5 с.

Орловский рысак в качестве улучшающей породы принят на всей территории Российской Федерации и успешно используется при межпородных скрещиваниях с местными лошадьми. Помеси орловских лошадей имеют хорошо выраженный упряжной тип.

Н. Г. Сверчков.
А. Г. Орлов-Чесменский в санках, запряженных Барсом 1, родоначальником орловской рысистой породы, рожденным в 1784 году от Полкана и датской кобылы в Хреновском конном заводе

Неизвестный художник XIX в.
Зимний бег на Неве

Н. Г. Сверчков.
Лебедь. Серый жеребец орловской рысистой породы, рожденный в 1829 году от Атласного и Победы в конном заводе В. П. Воейкова. Рекордист в беге на 3 версты, выиграл многие традиционные призы

И. Н. Раух (1804—1847). Бычок. Гнедой жеребец орловской рысистой породы, рожденный в 1824 году от Молодого Атласного и Домашней в конном заводе В. И. Шишкина. Первый рекордист породы в беге на 3 версты

Н. Г. Сверчков. Лебедь IV. Серый жеребец орловской рысистой породы, рожденный в 1831 году от Добрыни 1 и Ехидны в Хреновском конном заводе. Рысак безукоризненного экстерьера и высокой резвости, выдающийся производитель, прямой предок рекордиста и чемпиона породы жеребца Улова

Н. Г. Сверчков.
Визапур III. Вороной жеребец орловской рысистой породы, рожденный в 1839 году от Любимца III и Касатки в Хреновском конном заводе

Н. Г. Сверчков.
Горностай 5. Серый жеребец орловской рысистой породы, рожденный в 1835 году от Ширяя 2 и Лихой в Хреновском конном заводе

Н. Г. Сверчков.
Летучий. Серый жеребец орловской рысистой породы, рожденный в 1877 году от Добродея и Ладьи в конном заводе Н. П. Шипова. Выиграл ряд традиционных призов. Отец родоначальника линии Громадного, дед рекордиста Крепыша

Н. С. Самокиш (1860—1944).
Табун орловских рысистых маток Ново-Томниковского конного завода Тамбовской области

Н. С. Самокиш.
Громадный. Серый жеребец орловской рысистой породы, рожденный в 1894 году от Летучего и Громады в конном заводе Н. П. Милютина. Родоначальник линии, отец Крепыша

В. В. Семенский. Крепыш. Серый жеребец орловской рысистой породы, рожденный в 1904 году от Громадного и Кокетки в конном заводе И. Г. Афанасьева. Лучший рысак дореволюционной России, рекордист в беге на 1,5, 3 и 4 версты. Прозван «лошадью столетия»

Р. Ф. Френц (1831—1916). Табун орловских маток Прилепского конного завода Тульской области

Г. Н. Степанов.
Улов. Светло-серый жеребец орловской рысистой породы, рожденный в 1928 году от Ловчего и Удачной в Хреновском конном заводе. Чемпион породы, рекордист в беге на 1600, 2400, 3200 м, улучшавший Всесоюзные рекорды 23 раза. Из 55 выступлений в призах был первым 31 раз и вторым — 16, выиграл ряд традиционных призов. Основной продолжатель линии Ловчего, дал около 300 голов приплода

Б. В. Преображенский. Квадрат. Гнедой жеребец орловской рысистой породы, рожденный в 1946 году от Пролива и Керамики в 1-м Московском конном заводе. Чемпион породы, выиграл Большой Всесоюзный приз, до 1975 года использовался как производитель, дал более 600 голов приплода

Г. Н. Степанов.
Гибрид. Серый жеребец русской рысистой породы, рожденный в 1894 году от Гурона и Бразилии в Еланском конном заводе. Выиграл многие традиционные призы

Русская рысистая порода

Дружный старт.
Московский ипподром

Русские рысаки происходят от скрещивания орловской рысистой породы с американской. Первые опыты такого скрещивания, предпринятые в конце XIX века, показали, что помесное потомство в большинстве случаев имеет более высокую резвость, чем чистопородный орловский молодняк. Это привело к расширению завоза американских жеребцов-производителей, интенсивному использованию их на матках орловской породы. В начале применяли в основном метод промышленного скрещивания, но в последующем на ипподромах и в конных заводах стали появляться лошади и с более высокой кровностью по американской породе. Уже к 1900 году помесных лошадей, родившихся в России, насчитывалось около 360. Из 312 заводов, разводивших рысистых лошадей, 75 имели американских или помесных производителей. Не менее половины всех стартовавших на столичных ипподромах рысаков были помесными. К 1914 году в Россию завезли более 150 американских жеребцов и 220 кобыл.

С началом первой мировой войны прекратился завоз племенного поголовья из США и Западной Европы. Однако в результате межпородного скрещивания в течение двух десятилетий в русском рысистом коннозаводстве образовался довольно значительный массив лошадей с различной долей кровности по американской породе. Это обстоятельство создало предпосылки для широкого разведения помесей «в себе». На первых

Русские рысаки
отличаются правильным
экстерьером, хорошими
резвостными качествами

порах все делалось без единого плана племенной работы. В конных заводах, племенных рассадниках и на племенных фермах, заводских конюшнях наряду с чистопородным разведением орловского рысака вели разведение разнотипных по экстерьеру и резвости помесей. Надо было принять решение по упорядочению работы с рысистыми лошадьми. В 1926 году на Всероссийском совещании по животноводству речь шла о необходимости стандартизации рысистой породы. Было решено в основу разведения рысистых лошадей положить получение племенной продукции, пригодной для массового улучшения упряжных животных. В 1928 году составили перспективный план развития орлово-американского коннозаводства. Основным был принят метод разведения «в себе» помесей желательного типа. В разработанных стандартах наряду с высокими требованиями к резвости говорилось о значительном увеличении промеров орлово-американских помесей.

В конных заводах Народного Комиссариата земледелия РСФСР началась большая работа по консолидации, типизации и комплектованию маточного состава. Предъявлялись строгие требования к отбору жеребцов и назначению их в заводы. Особое внимание уделяли воспитанию молодняка, организации систематического тренинга и испытаний. Успешным завершением всей этой сложной многоплановой работы стало появление новой породы, которая в 1949 году получила название русской рысистой.

В настоящее время из числа заводских пород, разводимых в стране, она является самой многочисленной. Лошади этой породы отличаются крупным ростом, правильным экстерьером, массивностью. У них удачно сочетаются хорошие упряжные формы орловских рыса-

Острая борьба
на финишной прямой

ков с высокой резвостью американских. Масть русских рысаков преимущественно гнедая (42%) и вороная (24%), реже — серая (18%) и рыжая (8%).

Существенно изменилась резвость лучших представителей породы по сравнению с периодом ее становления. До 1917 года абсолютные рекорды резвости рысаков составляли: на дистанции 1600 м — 2 мин 08 с (установлен в 1910 году кобылой по кличке Прости), на дистанции 3200 м — 4 мин 24,1 с (установлен в 1916 году жеребцом Тальони). К концу 40-х — началу 50-х годов, то есть к моменту утверждения породы, показатели абсолютных рекордов на дистанциях 1600 и 3200 м претерпели значительные изменения. В 1940 году жеребец Подарок от Алойши и Палубы прошел 1600 м за 2 мин 02,1 с, а жеребец Жест от Талантливого и Жолнерочки на дистанции 3200 м в 1951 году показал резвость 4 мин 13 с, а на 1600 м — 1 мин 59,6 с.

На 1 января 1985 года абсолютные рекорды лошадей русской рысистой породы были существенно улучшены питомцами Смоленского конного завода. Жеребец Полигон на дистанции 1600 м показал резвость 1 мин 56,9 с, а Павлин 3200 м прошел за 4 мин 06,1 с.

Планом племенной работы с породой предусматривается дальнейшее совершенствование резвостных качеств лошадей при одновременном сохранении их роста, правильного экстерьера, крепкой сухой конституции, высокой плодовитости, добронравности и хозяйственного долголетия. В работе с ней удачно применяется высшая форма племенного дела — разведение по линиям, маточным семей-

После розыгрыша традиционных призов специалисты и любители рысистого коневодства поздравляют с победой мастеров-наездников Московского ипподрома М. Пупко, В. Кочеткова, **М. Фингерова**

Полуторалетний молодняк русской рысистой породы на свободном движении

ствам и гнездам. Ведущими в породе являются линии Подарка, Заморского Чуда, Гильдейца, Трепета и Налима.

В Российской Федерации основное племенное поголовье лошадей русской рысистой породы сосредоточено в конных заводах Александровском Курской, Еланском Саратовской, Лавровском Тамбовской, Локотском Брянской, Прилепском Тульской, Смоленском, Злынском Орловской, Омском, «Культура» Воронежской областей, Уфимском Башкирской АССР и других.

Тренинг молодняка рысистых лошадей

Основной задачей тренинга является подготовка молодняка лошадей рысистых пород к ипподромным испытаниям, в которых выявляется и оценивается их работоспособность. Испытывают рысистых лошадей на ипподромах в специальной беговой упряжи и экипажах (качалках), как правило, в групповых (призовых) заездах с учетом занятого места и времени прохождения резвой рысью дистанций, основными из которых являются 1600, 2400 и 3200 м.

С момента появления лошадей рысистых пород беговые состязания (испытания) стали основой совершенствования их резвостных качеств. За это время (более чем за два столетия) накоплен богатый практический и теоретический опыт

рациональной подготовки молодой лошади к максимальным резвостным нагрузкам. Совершенствовались условия ипподромных испытаний, приемы и способы тренировок, прогрессировали резвостные качества рысистых лошадей. Если лошадь, запряженная в беговую упряжку, проходит 1600 м менее чем за 2 мин, от нее требуется колоссальное напряжение, идеальная синхронизация систем организма.

Индивидуальный тренинг лошадей рысистых пород подразделяется на два периода — заводской и ипподромный. Заводской тренинг начинается в зимнее время с заездки молодняка 10—12-месячного возраста. Жеребенка приучают к экипажу (качалке), ходить в сбруе, подчиняться управлению. Осенью, в полуторалетнем возрасте, жеребята проходят выездку. У них вырабатывают правильные движения на шагу и свободной рыси, приучают их к мягкому управлению (правильная «отработка рта»). У жеребят должны быть выработаны четкие, устойчивые движения на рыси. На этом этапе заводского тренинга стараются как можно ровнее и спокойнее обращаться с молодой лошадью. Период заводского тренинга длится до весны. Затем двухлетний молодняк отправляют на ипподром.

С момента прибытия на ипподром начинается второй этап единого процесса формирования рысистой лошади. Схемы тренировок двухлетних лошадей для выступлений в беговых заездах строят с учетом их индивидуальных особенностей. По мере приближения выступлений в призах тренировочные нагрузки увеличивают до уровня, способствующего нормальному проведению бега в заездах.

Призы, в которых выступают рысистые лошади на ипподромах, подразделяются на групповые (простые) и традиционные. Основные традиционные призы различаются по породе, полу и возрасту лошадей. Так, для четырехлеток на дистанции 1600 м для орловской породы установлены приз памяти П. Н. Кулешова и приз Барса, для рысистых пород — призы памяти В. О. Витта, Большой Всесоюзный и имени С. М. Буденного (на 2400 м).

Русская тройка...
Какое
удовольствие
доставляет
катание на ней!
Но сколько же
нужно
приложить
умения, труда
и терпения
в работе с ней

Всегда и во всем
они нам верные
помощники:
на сенокосе,
уборке урожая,
пастьбе скота
и на работах в саду

01

ТЯЖЕЛОВОЗНОЕ КОНЕВОДСТВО

Русская тяжеловозная порода

В любое время года
можно встретить с грузом
на шоссе
и на проселочной дороге
трудолюбивых
русских тяжеловозов

С середины XIX века в Россию стали завозить некрупных (около 150 см высоты в холке), но энергичных, выносливых и нетребовательных к условиям содержания бельгийских лошадей универсального типа. Свое название эта порода получила по месту, где она была создана, а именно в горной местности Арденны, расположенной на границе Бельгии с Францией. Заводскую работу с арденнами в России начали вести в Петровской (ныне Тимирязевской) сельскохозяйственной академии. Затем в 60—70-х годах были организованы арденнские отделения в Чесменском, Деркульском конных заводах и других. С большим успехом арденны использовались в массовом коневодстве для скрещивания с лошадьми других упряжных пород. К началу XX столетия в России уже было достаточное количество ценного племенного материала некрупных тяжеловозных лошадей для самостоятельного разведения.

После революции весь сохранившийся племенной материал был сосредоточен в государственных конных заводах, где шла работа по созданию русской тяжеловозной породы. Лошади русской тяжеловозной породы обладают высокой грузоподъемностью, выносливы, имеют крепкую конституцию, хорошую подвижность, энергичный темперамент, но при этом добронравны и неприхотливы к условиям кормления и содержания. Животные сложены гармонично, имеют пропорциональную, широколобую, с живыми глазами голову, широкую спину, поясницу и круп. Грудная клетка широкая, длинная и глубокая; ноги недлинные, правильно поставлен-

Широкая и глубокая грудная клетка, правильно поставленные недлинные ноги обусловливают подвижность, выносливость и высокую грузоподъемность русского тяжеловоза ные, оброслость их умеренная. Масть русских тяжеловозов в большинстве случаев рыжая и рыже-чалая, реже — гнедая и др.

Средние промеры жеребцов: высота в холке — 151,8 см, косая длина туловища — 162,3, обхват груди — 206,2, пясти — 22,2 см; живая масса — 550—600 кг.

Русские тяжеловозы отличаются высокой доскороспелостью. Уже к трем годам они достигают почти полного развития. В молочный период прирост живой массы жеребят составляет 1200—1500 г в сутки.

Для породы характерны такие ценные биологические качества, как долговечность и высокая плодовитость. В конных заводах, как правило, на 100 кобыл получают по 80—85 жеребят, а нередко и 90—95. При этом племенное использование производящего состава длится до 20—25-летнего возраста. Кобылы русской тяжеловозной породы отличаются высокой молочной продуктивностью. На кумысной ферме Опытного конного завода Всесоюзного научно-исследовательского института коневодства в среднем она равнялась в разные годы от 2561 до 2732 л. Кобыла Лукошка (Кокетливый — Лаба) за 197 дней лактации дала 3109 л молока.

Превосходные качества русских тяжеловозов способствуют широкому распространению породы во многих регионах нашей страны. С ней ведется планомерная племенная работа, координируемая Всесоюзным научно-исследовательским институтом коневодства. Залогом успеха является применение традиционного метода разведения — по линиям. В период формирования на качественные свойства породы огромное влияние оказали жеребцы Караул (1909 года рождения) и Ларчик (1918 года рождения). Будучи сами по себе замечательными представителями породы (жеребец Караул на Всероссийской выставке 1913 года за отлично выраженный тип и хороший экстерьер получил Большую золотую медаль), они благодаря хорошо продуманному племенному использованию стали не только ведущими жеребцами-производителями, но и родоначальниками отечественных линий в породе. В последующем из линии Караула выделилась линия его правнука бурого жеребца Лазутчика 1936 года рождения, из линии Ларчика — его внука рыжего жеребца Коварного того же года рождения. В настоящее время они совместно с линиями Капитэна и Поденщика являются наиболее многочисленными в породе.

Огромнейшее значение для породы имели выдающиеся кобылы, основательницы маточных семейств Булка (1924 год) и Галушка (1916 год) в Куединском конном заводе Пермской области, Снежинка (1952 год), Салфетка (1947 год) и Ложка (1951 год) в Красноармейском конном заводе Свердловской области, Кукушка (1953 год), Речка (1958 год) и Ручка (1961 год) в Пермском.

Советская тяжеловозная порода

В конце XIX века в Россию стали завозить крупных бельгийских тяжеловозных лошадей — брабансонов. Это массивные (при среднем росте 162 см, обхвате груди 210, обхвате пясти 25 см), на крепких конечностях, с объемной могучей мускулатурой лошади, добронравные, нетребовательные к корму. Разведением крупных тяжеловозов на первых порах занимались в помещичьих хозяйствах, а в последующем — и в крестьянских, охватывающих Москву и крупные промышленно-торговые районы центральной России. Как правило, здесь методом промышленного скрещивания получали только пользовательную лошадь. К 1904 году насчитывалось 435 хозяйств, где наряду с другими породами разводили и брабансонов. Именно из них тяжеловозные лошади поступали на крупные рынки сбыта в Москве, Ярославле и т. д. Племенная работа методом промышленного скрещивания велась лишь в некоторых конных заводах (Починковском, Хреновском), где импортных брабансонских жеребцов спаривали с кобылами-помесями других тяжеловозных пород, а также с хорошими местными кобылами рабоче-пользовательного состава. В последующем, преимущественно в крестьянских хозяйствах, наряду с методом поглотительного скрещивания стали практиковать разведение помесей «в себе».

В жаркий летний день молодняк принимает «водные процедуры». Ичалкинский конный завод. Мордовская АССР

У советских тяжеловозов мускулистая шея, широкие холка, грудь, спина, округлый раздвоенный круп

Советская тяжеловозная порода

Прогулки на свежем воздухе в любую погоду — непременное условие выращивания крепких, здоровых лошадей в Ичалкинском конном заводе

После революции работа по разведению тяжеловозов велась планомерно с учетом потребности народного хозяйства в рабочих и транспортных лошадях на вновь создававшихся совхозных и колхозных племенных фермах и в государственных племенных рассадниках (ГПР).

В 30-е годы в племенной работе с тяжеловозами стали шире использовать жеребцов, выращенных в своих конных заводах. К 1948 году в стране завезенных из-за границы жеребцов брабансонской породы уже не было. В значительно большей степени стали использовать племенное поголовье на сельскохозяйственных работах, более регулярно проводить тренинг молодняка, тщательнее и чаще оценивать рабочие качества лошадей в конкретных условиях их разведения и содержания. В конечном итоге в Починковском и Мордовском конных заводах, а также на племенных фермах колхозов и совхозов Горьковской, Ярославской, Тамбовской, Владимирской областей и в Мордовской АССР сформировалась тяжеловозная лошадь, отличавшаяся по интерьерным и экстерьерным качествам от брабансонов. В 1952 году эта достаточно большая и довольно однородная группа лошадей получила название советских тяжеловозов и была официально утверждена как порода.

Советские тяжеловозы сложены гармонично, имеют крепкую конституцию и спокойный энергичный темперамент, отличаются большой работоспособностью, нетребовательностью к условиям содержания и хорошей оплатой корма. Промеры у жеребцов следующие (см): высота в холке — 161,5, косая длина туловища — 167,2, обхват груди — 206,6, обхват пясти — 24,7; средняя живая масса жеребцов 780 кг, кобыл — 650 кг.

Лошади этой породы имеют среднюю по величине пропорциональную голову, мускулистую шею, широкую холку, глубокую и широкую грудь, широкую, иногда мягкую спину, округлый раздвоенный круп. Оброслость гривы, хвоста и конечностей умеренная. Масть рыжая, рыже-чалая, гнедая и гнедочалая.

Лошади советской тяжеловозной породы скороспелы. Жеребята растут быстро: в шестимесячном возрасте их живая масса достигает 360—375 кг, в годовалом — 525—540 кг. С 2,5 года молодых лошадей используют на сельскохозяйственных работах, а с 3 лет они поступают в производящий состав. Кобылы советской тяжеловозной породы отличаются высокой молочностью. Рекордисткой по удою стала кобыла Рябина (Бард — Рожица), давшая за 348 дней лактации 6173 л молока.

Наиболее ценное поголовье советских тяжеловозов сосредоточено в Починковском конном заводе Горьковской области и в Мордовском конном заводе.

Племенная работа с породой ведется методом чистопородного разведения. В ней выделено восемь линий и несколько мелких родственных групп. Огромное влияние на становление и последующее совершенствование породы оказал жеребец Божё. От него по прямой мужской линии происходит половина маточного состава и жеребцов-производителей. Его сыновья Румб и Режим являются родоначальниками новых линий.

Лошади советской тяжеловозной породы высоко ценятся как транспортные животные и как улучшатели в мясном и молочном коневодстве.

Владимирская тяжеловозная порода

На древних, исконно русских землях Владимирского ополья издавна славилась хорошая рабочая лошадь. В таких больших промышленных центрах, как Москва, Владимир, Ярославль, велик был спрос на крупную ломовую лошадь, а для обработки довольно плодородных, но тяжелых почв она должна была быть сильной и выносливой. Еще в первой четверти XVIII века в Гаврилово-Посаде организовали казенный конный завод, в котором выращивали утяжеленных упряжных лошадей. Улучшению местного контингента способствовало создание в 1886 году Гаврилово-Посадской государственной заводской конюшни (ГЗК). Первоначально она была укомплектована жеребцами верхового и рысистого направления. Затем стали поступать жеребцы тяжеловозных пород — арденны, першероны и суффольки. С 1901 года их стали вытеснять английские тяжеловозы — клейдесдали, а с 1910 года — шайры. Жеребцов этих пород широко использовали в случке с местными крестьянскими кобылами. Таким образом, в зоне деятельности Гаврилово-Посадской ГЗК к началу 30-х годов образовался большой, достаточный для проведения племенной работы массив крупных, утяжеленных лошадей. С этого времени на 98 колхозных и совхозных конефермах началась племенная работа по консолидации полученного типа тяжеловозной лошади методом воспроизводительного скрещивания. Деятельность этих хозяйств возглавил Гаврилово-Посадский государственный рассадник. Работа завершилась выведением новой породы лошадей, которая в 1946 году была официально утверждена и получила название владимирский тяжеловоз.

Современные лошади владимирской породы отличаются крупным ростом, крепкой конституцией, гармоничным телосложением, хорошо развитой мускулатурой, выраженным типом упряжной лошади и энергичным темпераментом. Они имеют длинную, с выпуклым профилем голову, мускулистую шею, длинную высокую холку, длинную широкую спину и круп. Ноги у них длинные, правильно поставленные, с хорошо развитыми суставами и средней оброслостью. Масть преобладает гнедая, реже — вороная и рыжая, с белыми отметинами на ногах и голове. Шаг длинный и свободный, рысь хорошая.

Жеребцы имеют промеры (см): высота в холке — 165, косая длина туловища — 173, обхват груди — 207, пясти — 24,5; их живая масса 760 кг, кобыл — 680 кг.

Лошади владимирской тяжеловозной породы выносливы в работе, от других крупных тяжеловозов отличаются значительной подвижностью и энергичностью. Рекорд по срочной доставке груза рысью, установленный на владимирских тяжеловозах, является и абсолютным рекордом для тяжеловозов всех пород.

Совершенствование породы ведется методом чистопородного разведения. В ней выделено несколько линий, в том числе Литого, Ландыша, Холода, Глен Альбина, Аргуса, Шерифа и, кроме того, несколько женских семейств.

Гармонично сложенная лошадь с хорошо развитой мускулатурой, длинной широкой спиной и длинными ногами — таков владимирский тяжеловоз

Владимирская тяжеловозная порода

Конструкция седел, привезенных из разных стран, отличается большим разнообразием. Из коллекции 1-го Московского конного завода

Поддужные колокольчики и станционный колокол. Из коллекции Музея коневодства ТСХА

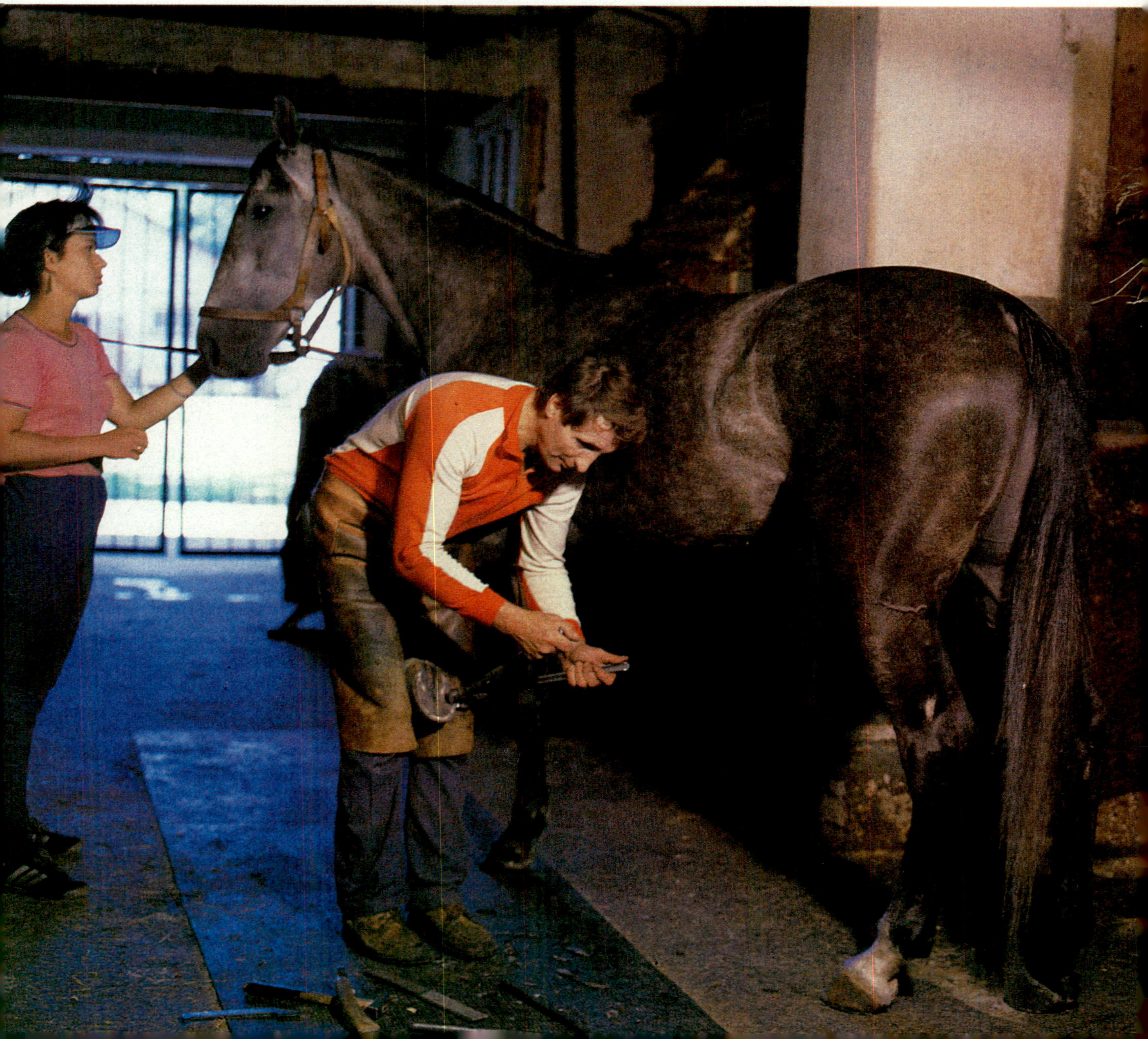

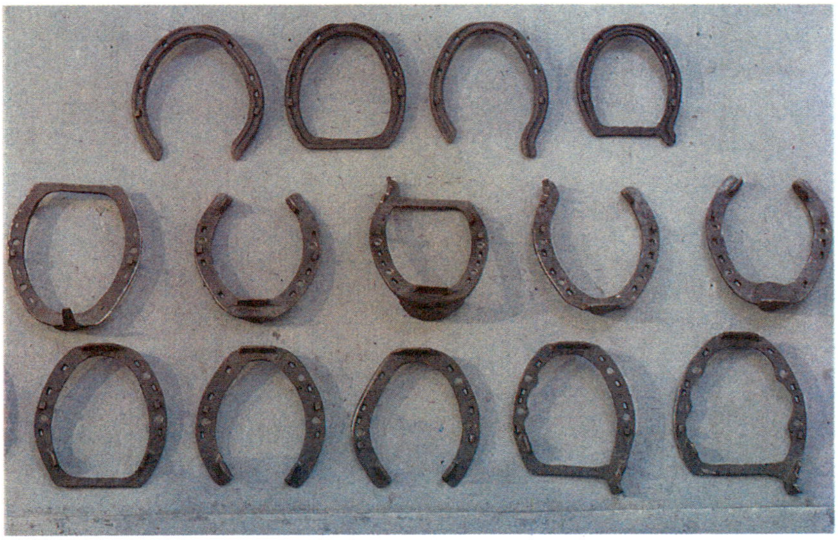

Лошадей «обувают» профессионалы — кузнецы и ковали, работающие в кузнице при Московском ипподроме

На тропах
горного Алтая
лошадь —
незаменимый
помощник.
Тувинская АССР

ПРОДУКТИВНОЕ КОНЕВОДСТВО

Мясное коневодство

В ледниковый период дикая лошадь служила для человека объектом охоты и наряду с другими промысловыми животными являлась источником питания. И потом в течение длительного времени она оставалась только мясным животным. У древних же славян конина была одним из основных видов мяса, употреблявшегося в пищу.

С развитием земледелия, ремесел, торговли использование лошадей получает иное направление — сельскохозяйственное, транспортное, военное. Тем не менее в древних государствах — Персии, Греции и Римской империи — мясо молодого жеребенка считалось одним из самых изысканных блюд.

Однако в силу экономических и социальных причин, стихийно, а в последующем в законодательном порядке, после специальных государственных указов конское мясо перестали употреблять в пищу. На Руси убой лошадей на мясо прекратился в X веке. Разрешение на употребление конины в пищу в европейских странах последовало лишь в XIX веке.

Издавна конское мясо широко используется населением ряда автономных республик и областей РСФСР — Якутской, Бурятской, Башкирской, Калмыцкой, Тувинской, Татарской, Горного Алтая и т. д. В большинстве этих районов лошадей разводят табунным способом. В условиях табунного коневодства созданы многие породы: бурятская, забайкальская, башкирская, алтайская и другие. Лошади этих пород неприхотливы; они могут на тебеневке (зимнем пастбище) обходиться без водопоя и использовать пастбищные угодия, недоступные для крупного рогатого скота и овец. Животные большинства местных пород обладают хорошими мясными качествами и относительно высокой молочностью, легко нажировываются и стойко переносят суровые зимние условия.

Разведение лошадей табунным способом не требует больших капитальных затрат на строительство помещений и производство кормов, поэтому их выращивание обходится значительно дешевле, чем в центральных областях РСФСР с конюшенной системой содержания животных. От одной табунной конематки можно ежегодно получать по 1,5—2 ц мяса в живой массе. Себестоимость производства единицы продукции в коневодстве в 2—3 раза меньше, чем в мясном скотоводстве. В структуре затрат на производство конины на долю кормов приходится 3—7%, а при производстве говядины — 50%.

В настоящее время коневодство в совхозах Якутской АССР стало одной из рентабельных отраслей животноводства и имеет четко выраженное мясное направление. Ежегодно производство конского мяса здесь составляет 8—9 тыс. тонн, или 20—22% от производства мяса всех видов.

Конина пользуется большим спросом на международном рынке. В европейских странах ее используют в колбасном производстве, продают в натуральном виде в мелкой расфасовке как диетический пищевой продукт. Лучшим по вкусовым и питательным качествам считается мясо молодых лошадей, выращенных в естественных условиях при круглогодовом табунном содержании. Оно имеет приятный вкус, плотное строение, равномерно пронизано жировыми прослойками.

Конина по содержанию основных питательных веществ существенно не отличается от говядины. В среднем в ней содержится около 70% воды, 23 — белка, 5 — жира и 1% золы. Отложение жира на конских тушах неравномерное. Наибольшие отложения бывают на шее, внутренней поверхности брюшной стенки и на ребрах. Из этих частей туши обычно готовят национальные блюда.

Якутские лошади, находящиеся на табунном содержании, хорошо нажировываются на пастбищах, во время откорма и дают отличное мясо, пользующееся большим спросом

Пищевая ценность конского мяса во многом зависит от упитанности лошадей перед убоем, которая определяется условиями нагула и откорма. Нагул животных на пастбище приходится на благоприятные весенние и осенние периоды. Откорм же можно вести в течение всего года на сочных, грубых и концентрированных кормах. Наиболее целесообразный срок откорма — 70—100 дней. Рационально организованный интенсивный откорм позволяет получать при этом 600—1000 г среднесуточного прироста живой массы при расходе кормов на центнер прироста от 7,5 до 13 ц корм. ед.

Лошадей кормят зерном — кукурузой, ячменем, овсом, специальными комбикормами, солому запаривают и сдабривают мучнистыми кормами. Обязательным условием при откорме и нагуле животных является постоянное обеспечение их поваренной солью

и питьевой водой. В самом начале откорма обычно лошадям дают объемистые грубые и сочные корма. Концентраты в дробленом и плющеном виде им скармливают в заключительный период.

В теплое время года откорм проводят групповым способом на открытых площадках под навесами, зимой — в конюшнях упрощенной конструкции. Как показывает практика, наилучших экономических результатов в мясном коневодстве достигают в крупных специализированных хозяйствах или на фермах, где содержится 2—4 тыс. животных всех возрастов. Маточное поголовье в табунах мясного направления, как правило, составляет 35—40%, а в отдельных хозяйствах (в северных, северо-восточных районах РСФСР), где молодняк на мясо забивают в шести-, девятимесячном возрасте, число кобыл в структуре табуна достигает 50%. Оптимальный возраст лошадей для убоя на мясо — 2,5—3 года, когда их средняя живая масса достигает 320—370 кг. Выращивание молодняка до 2,5-летнего возраста бывает эффективным при наличии в хозяйстве хороших пастбищных угодий и страховых запасов кормов на случай непогоды. При неблагоприятных погодных условиях или продолжительной и суровой зиме целесообразнее реализовывать животных на мясо в возрасте до года, что в основном и практикуется в Якутии.

Изделия из конского мяса обладают хорошими пищевыми достоинствами, ценными вкусовыми качествами. В нашей стране разработана и внедрена в производство новая технология переработки конского мяса в высококачественные копчености, кулинарные изделия, консервы, которые пользуются большим спросом.

Нарядные, модные, практичные изделия — шапки, воротники, сапоги, тапочки — шьют якутские мастера-умельцы из шкур и меха, получаемых от лошадей местных пород

Молочное коневодство

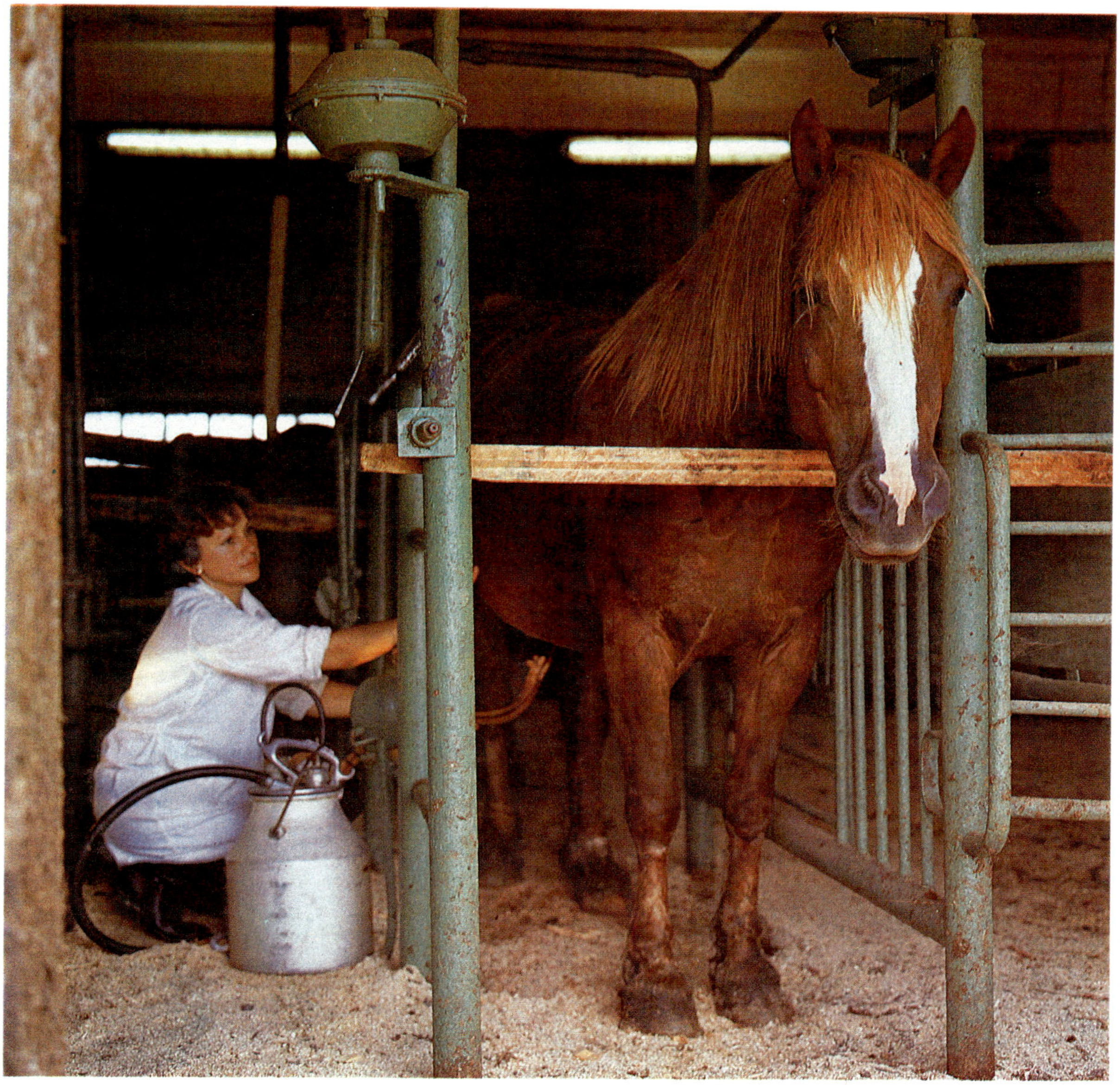

И лошадь приучили к механизированной дойке... Кумысная ферма в совхозе имени Горького Ногинского района Московской области

Молоко кобыл имеет голубоватый оттенок, сладковато на вкус. Наибольшую молочную продуктивность кобылы проявляют в возрасте 8—15 лет. Объем вымени у них и молочная продуктивность тесно коррелируют с породной принадлежностью. Наибольшая молочность у тяжеловозных пород.

Молоко у кобыл вырабатывается непрерывно и равномерно в течение суток. За одну дойку его получают в среднем от 1 до 3 л.

Кобыл начинают доить на 30—40-й день после выжеребки. Средняя продолжительность лактации — около 6 месяцев, однако при хороших условиях кормления и эксплуатации кобыл можно доить до 10 месяцев. Наивысшая молочная продуктивность бывает в первую половину лактации.

Натуральное кобылье молоко является для человека биологически более полноценным продуктом, чем коровье молоко. По своему химическому составу, а также по структуре белков оно приближается к материнскому молоку. По содержанию отдельных незаменимых аминокислот и их соотношению белки кобыльего молока очень схожи с белками женского молока. Казеин женского и кобыльего молока по структуре мелкодисперсный и легко растворяется в воде, что обеспечивает его хорошую усвояемость. По содержанию макро- и микроэлементов кобылье молоко также близко к женскому. Оно обладает высокой бактерицидностью. В жире кобыльего молока содержатся непредельные и низкомолекулярные жирные кислоты, он

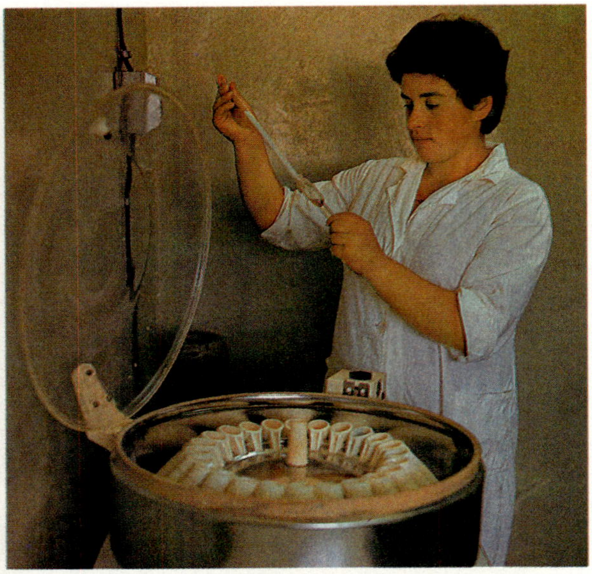

быстрее гидролизуется и лучше усваивается организмом. Особенно ценен в кобыльем молоке сахар. Он представлен в основном лактозой, которая в малой степени подвержена брожению в кишечнике и полностью усваивается организмом. Кобылье молоко содержит почти все необходимые для человека витамины, но особенно богато оно витамином С. Из кобыльего молока изготовляют ценный питательный и лечебный молочнокислый напиток — кумыс. Технология его получения, основанная на сбраживании кобыльего молока молочнокислыми бактериями и дрожжами, была известна еще в древние времена. В процессе брожения в кумысе образуются молочная кислота, этиловый спирт, углекислый газ и ароматические вещества, придающие этому напитку своеобразный вкусовой букет. Искусство кумысоделов заключается в умении регулировать процесс брожения выбором оптимальных температур, определением правильного соотношения количества молока и закваски, а также продолжительности и интенсивности вымешивания кумыса.

Приготовление кумыса на ферме

Постоянную заботу о племенном поголовье проявляет инициатор создания кумысной фермы директор совхоза имени Горького А. Д. Камбегов

Приготовление кумыса — довольно длительный процесс. Технология предусматривает подготовку парного молока, приготовление закваски, заквашивание, созревание кумыса, его вымешивание, розлив и упаковку, газирование, охлаждение и хранение. Кумыс обычно хранят при температуре +4—6 °С.

Линия розлива кумыса
в госплемзаводе
«Красноармейский»
Краснодарского края

По содержанию спирта и уровню кислотности он бывает трех видов — слабый, средний и крепкий. Крепкий кумыс более кислый. Калорийность литра кумыса составляет от 300 до 400 ккал. Переваримого белка в нем содержится около 20 г, то есть столько же, сколько в 100 г говядины.

За превосходные пищевые и лечебные свойства кумыс называют «богатырским» напитком. В России кумысолечение получило широкую известность еще на рубеже XVIII—XIX веков. Первые кумысолечебные санатории были организованы в середине прошлого столетия в степных районах Поволжья, Башкирии, ряде других районов.

В настоящее время сеть кумысолечебниц и особенно специализированных кумысных ферм повсеместно расширяется, причем не только в традиционных районах кумысоделия. Организованы крупные механизированные кумысные фермы в Краснодарском крае — госплемзаводе «Красноармейский», в Калужской области — совхозе «Тепличный», в Московской области — совхозе имени Горького и ряде других областей и автономных республик РСФСР. Созданы кумысные фермы в отдельных конных заводах (Уфимском, Чувашском, Опытном заводе Всесоюзного научно-исследовательского института коневодства в Рязанской области).

Позирующая
фотографам
и художникам
лошадь прекрасна
на фоне старинной
архитектуры
и хорошо
вписывается
в современный
пейзаж

Незабываемые
впечатления
оставляет
у туристов
путешествие
по конным
маршрутам.
На лошадях
по Теберде

15

КОННЫЙ СПОРТ

В манеже
конно-спортивного
комплекса профсоюзов
в Битце
(г. Москва)

Возникновение конного спорта в России относится к тем отдаленным временам, когда начали устраивать ставшие вскоре очень популярными конные игры, джигитовку, соревнования по мастерству владения холодным оружием.

Любимым зимним развлечением сибиряков было «взятие снежного городка» — игра, напоминавшая о подвиге славного Ермака и его сподвижников. Из снега устраивали высокую стену и для прочности обливали ее водой. В веселой борьбе можно было показать свое умение управлять конем.

Великолепным искусством владели казаки-джигиты. На скачущей во весь опор лошади они проделывали настоящие акробатические трюки: вставали на седле во весь рост, наклоняясь, подхватывали с земли различные предметы.

На исходе зимы на масленицу устраивались традиционные катания на тройках. Здесь ценились красота и резвость тройки, лихость кучера, умение обогнать соперников. Устраивались соревнования троек и на большие дистанции. В 1847 году, например, несколько троек бежали на 33 версты (около 35 км) и первая из них пришла к финишу за 1 ч 21 мин 11 с. Катание в роскошных экипажах, конные «карусели», турниры, прогулки верхом — излюбленные развлечения знати.

Конный спорт имел в те времена большое военно-прикладное значение, являясь необходимой составной частью подготовки кавалеристов. В Красном Селе, под Петербургом, куда войска выходили в лагерь на лето, устраивались офицерские скачки и всевозможные конные игры — «лисичка», «бой султанчиков», конное поло. Именно Красносельский стипль-чез (скачка с препятствиями) на 4 версты захватывающе описан Л. Н. Толстым в романе «Анна Каренина».

Русская казачья и регулярная конница постоянно тренировалась в преодолении больших расстояний. Конные марши на сотни километров делались целыми полками, а иногда и дивизиями. Казаки и кавалеристы совершали рекордные сверхдальние пробеги. Так, в 1890 году казачий сотник Д. Пешков на мерине Серко местной амурской породы проехал из Благовещенска до Петербурга, то есть 8862 км, за 193 дня. Огромное впечатление на парижан и гостей Всемирной выставки, проходившей в 1899 году в столице Франции, произвел корнет М. Асеев. Пересаживаясь поочередно то на англо-донскую Диану, то на черноморскую кобылу Влагу и проезжая в среднем по 88 км в сутки, он за 30 дней преодолел расстояние в 2633 км от Лубен до Парижа.

В середине XIX века в Европе появился новый вид конного спорта «конкур-иппик» — преодоление верхом на лошади препятствий, расставленных на сравнительно небольшой ровной площадке. Русские конники вскоре овладели им. Первые такие соревнования были проведены в России в 1899 году, а еще через несколько лет русские конкуристы стали успешно выступать и за рубежом. Правда, на V олимпийских играх в Стокгольме в 1912 году русская команда, состоявшая целиком из кавалерийских офицеров, выступила неудачно. Но в Лондоне в 1911—1913 годах она трижды выиграла почетнейший приз — Золотой кубок короля Эдуарда.

Первая мировая война приостановила развитие конного спорта в стране. Он возродился только после победного окончания гражданской войны. По инициативе К. Е. Ворошилова и С. М. Буденного были проведены скоростные пробеги на разные дистанции. В 1925 году в Москве состоялись первые Всеармейские конно-спортивные соревнования. Спортсмены участвовали в первенстве по подготовке спортивной лошади, преодолении препятствий среднего и трудного классов, пробеге на 50 км и в стипль-чезе. Героем этих соревнований стал москвич М. Ф. Моисеев-Черкасский, выигравший конкур трудного класса и соревнования по подготовке спортивной лошади.

Успешно проходили и последующие Всеармейские соревнования в 1927, 1931, 1935 и 1938 годах. Наряду с военными в них участвовали члены клубов Осоавиахима и добровольных спортивных обществ «Пищевик», «Спартак», «Строитель». В 1938 году проводился первый Чемпионат СССР по конному спорту. В предвоенные годы советские конники установили ряд всесоюзных рекордов в пробегах и преодолении препятствий. В годы Великой Отечественной войны многие спортсмены-конники воевали в кавалерии. Так, студенты — члены конно-спортивной секции Московской сельскохозяйственной академии имени К. А. Тимирязева во главе со своим руководителем доцентом Н. А. Маргойтом ушли добровольно на фронт и в составе гвардейского кавалерийского корпуса генерала Л. М. Доватора громили гитлеровских захватчиков на подступах к Москве, а потом дошли до берегов Эльбы.

С 1946 года соревнования на первенство СССР по конному спорту возобновились. В первые годы они включали и пробеги, и владение холодным оружием, и джигитовку, и вольтижировку. Но постепенно основное внимание стали уделять классическим видам конного спорта — преодолению препятствий, выездке и троеборью. В 1952 году наши конники вступили в Международную федерацию конного спорта и впервые участвовали в XV олимпийских играх в Хельсинки. С этого момента советские всадники все чаще стали появляться на международных соревнованиях самого высокого класса. Наши мастера выездки пользуются заслуженной славой во всем мире. Уже на XVI олимпийских играх в Стокгольме они заняли четвертое место среди восьми выступавших команд. Большой успех пришел в 1960 году, когда заслуженный мастер спорта москвич С. И. Филатов на ахалтекинском жеребце Абсенте выиграл Большой приз по выездке на XVII олимпийских играх в Риме и первым из советских конников стал обладателем золотой олимпийской медали. Его успех повторил в 1968 году в Мехико ленинградец И. Кизимов на Ихоре. Свой высокий класс наши мастера выездки подтвердили, став в командном зачете чемпионами Олимпиады-80. На соревнованиях «Дружба-84» они добились командной победы и в личном зачете заняли все призовые места.

Советское государство щедро выделяет средства на строительство конно-спортивных сооружений, приобретение лошадей. В настоящее время в стране действует более тысячи конно-спортивных школ и секций, в которых занимается около 30 тыс. человек. В этих «первичных ячейках» начинающие спортсмены овладевают азами верховой езды, сдают нормативы спортивных разрядов. Наиболее способные успешно выступают на международных и всесоюзных, республиканских и зональных соревнованиях.

В нашей стране популярны базы проката, где за умеренную плату можно получить лошадь и принять участие в уроке верховой езды. С каждым годом становится все больше конно-туристских маршрутов. Их прокладывают в наиболее живописных местах — на Урале и Алтае, в горах Кавказа и в Башкирии.

Выбор и содержание спортивной лошади

Большое значение для успешных занятий конным спортом имеют выбор лошади и правильная ее эксплуатация. Ездить верхом можно на любой лошади, но высоких спортивных результатов добиваются только на той, которая обладает необходимыми для этого качествами.

Спортивная лошадь должна быть верхового или верхово-упряжного типа. Из пород, разводимых в конных заводах и других хозяйствах РСФСР, для спорта наиболее пригодны чистокровные верховые, буденновские, англо-кабардинские и другие полукровные лошади. Очень важно, чтобы лошадь имела гармоничное телосложение, достаточный рост (160—168 см), легкие, свободные движения, живой, но добрый нрав. Она должна обладать хорошим здоровьем, прочными конечностями и быстро восстанавливать силы после больших нагрузок.

Спортивную лошадь необходимо содержать в чистой, светлой конюшне без привязи в деннике, на сухой, регулярно сменяемой подстилке из соломы или опилок. Здесь должна быть хорошая вентиляция, но сквозняки недопустимы. Лошадей ежедневно чистят жесткой щеткой и суконкой. Присохшую грязь удаляют жгутом из соломы или крупного сена; пользоваться для этого скребницей нельзя, так как она может поцарапать кожу. Во многих спортивных школах лошадей чистят пылесосами. Гриву и хвост разбирают, чистят щеткой, промывают теплой водой с мылом и заплетают. Ежедневно осматривают копыта, проверяют состояние ковки, расчищают подошву металлическим или деревянным крючком, моют копыта и нижние части ног при загрязнении.

Каждый спортсмен обязан внимательно следить за состоянием здоровья своей лошади, осматривать ее перед началом тренировки и после ее окончания. Внимательно проверяют перед тренировкой все снаряжение, особенно потник, так как даже небольшой бугорок или соринка на нем могут вызвать потертость на спине лошади и надолго вывести ее из строя. Чистый полотняный потничек, подкладываемый под войлочный потник, хорошо предохраняет спину от травм.

Основной суточный рацион спортивной лошади включает 6—8 кг овса и примерно такое же количество сена. Дачу фуража меняют в зависимости от индивидуальных особенностей лошади и выполняемой ею работы. Ежедневно дают поваренную соль. В рацион можно вводить отруби, травяную муку, минеральные и витаминные добавки, в летнее время — свежескошенную траву, часть концентратов заменять комбикормом. Лошади подвержены заболеваниям желудка и кишечника, поэтому необходимо особенно тщательно проверять доброкачественность всех кормов, давать их всегда в одно и то же время в соответствии с распорядком дня, следить за чистотой кормушек, ведер, автопоилок. Бóльшую часть суточной нормы сена дают на ночь, чтобы животное могло спокойно его пережевать и усвоить. Поят лошадь вволю, как правило, перед кормлением. После работы разгоряченной лошади ни в коем случае нельзя давать овес. В дни соревнований ей обычно утреннюю дачу сена уменьшают до 700—800 г, дают выпить чуть больше половины ведра воды, а в овес добавляют 200—250 г сахара. Сразу после финиша ей можно дать выпить несколько глотков воды, а потом во время проводки, когда лошадь постепенно остывает, ее несколько раз подводят к воде, чтобы она полностью утолила жажду. В деннике лошади сразу дают сено; овес (не более 1,5 кг) скармливают не раньше чем через два часа.

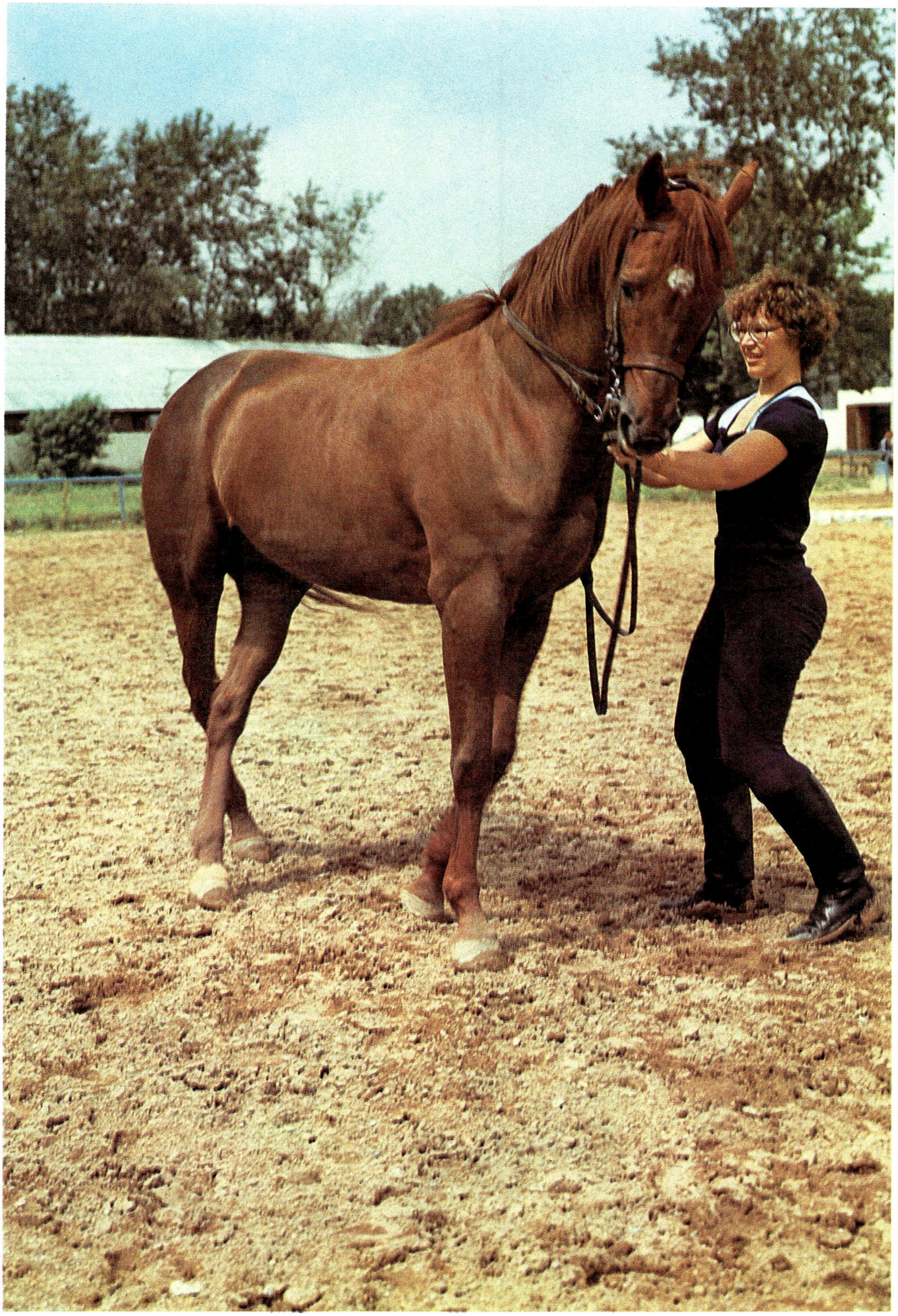

Первоначальная подготовка лошади

Молодые лошади, поступившие в конноспортивную школу, проходят одинаковую для всех первоначальную подготовку (выездку). Она способствует всестороннему развитию организма, прививает качества, которые позволяют безопасно использовать лошадь и легко управлять ею, создает основу для последующего специализированного тренинга. Продолжительность первоначальной подготовки в среднем не менее 10 месяцев, но в зависимости от возраста и индивидуальных особенностей лошади выездка может длиться 18—20 месяцев.

В ходе подготовки следует неукоснительно соблюдать принцип постепенного увеличения сложности упражнений и величины нагрузки, повторности упражнений, правильного чередования работы и отдыха. Чрезмерная нагрузка и грубое обращение могут привести к образованию у лошади дурных привычек, от которых ее потом очень трудно отучить. Занятия проводят на отгороженной площадке — манеже, имеющем прямоугольную форму; зимой работают в закрытом манеже. Выездка включает работу на корде, в руках и под всадником.

Работа на корде — длинном ремне, пристегнутом к трензельному кольцу оголовья или к специальному приспособлению — капцуну, состоит в том, что спортсмен, держа противоположный конец корды, заставляет лошадь двигаться по кругу разными аллюрами в одну и другую стороны. Это делается для выработки свободных движений у лошади, подготовки ее к боковым сгибаниям, приучает ее выполнять подаваемые голосом команды. При работе в руках спортсмен идет рядом с лошадью, ведя ее одной рукой на коротком поводе. В другой руке он держит хлыст и, прикасаясь им к боку лошади, заставляет ее начинать движение шагом, переходить на рысь, отступать в сторону при поворотах. Работа на корде и в руках является дополнительной к основной выездке под всадником. Надо помнить, что масса всадника существенно меняет положение центра тяжести лошади, нарушает естественное равновесие, поэтому важнейшая задача выездки — уравновесить лошадь под всадником, научить ее сохранять равновесие при движении разными аллюрами и прыжках. Это достигается путем «сбора», то есть придания лошади такого положения, когда ее шея приподнята, затылок находится в верхней точке, лицевая часть головы опущена почти вертикально, а задние ноги подведены под туловище. В этом положении бóльшая часть веса передается на задние ноги, передние ноги освобождаются, благодаря чему лошадью легче управлять, поворачивая ее в любую сторону.

Но чтобы лошадь без сопротивления выполняла волю всадника, ее надо научить понимать воздействие средств управления, которыми он передает свои команды, и правильно на это воздействие реагировать. Средствами управления являются: повод, соединенный с удилами, которые находятся во рту лошади и давят на ее нижнюю челюсть; шенкель — внутренняя поверхность ноги всадника от колена до стопы, прилегающая к боку лошади и оказывающая на него давление; масса всадника, перемещение которого вперед, назад или в стороны изменяет положение общего центра массы и заставляет лошадь для восстановления равновесия совершать желательные всаднику движения.

На манеже отрабатывают движения по прямой линии, повороты, различные фигуры: перемена направления через середину манежа и по диагонали, заезды направо и налево назад, езда по кругу с уменьшением и увеличением его диаметра, выполнение вольтов (кругов диаметром 6 м), серпантинов, боко-

вых движений, остановок, повороты на передних и задних ногах, осаживания (прямолинейное движение назад), различные другие упражнения.

Большое внимание уделяют выработке у лошади правильных, свободных движений на основных аллюрах — шаге, рыси и галопе. На шагу конечности лошади, поочередно наступая на землю, должны отчетливо отбивать четыре удара. Лошадь может двигаться свободным шагом, при этом ей дают возможность для отдыха опустить и вытянуть голову и шею. Все другие аллюры она выполняет «в сборе». В зависимости от ширины пространства, захватываемого при каждом выносе ног, различают средний, прибавленный и собранный шаг. На среднем шагу лошадь должна двигаться ровно и непринужденно, слегка переступая задними ногами через след передних. На прибавленном шагу она вытягивает шею и голову, не теряя контакта через повод с рукой всадника, и шагает широко, так что следы ее передних ног перекрываются следами задних. На собранном шагу движения лошади, оставаясь энергичными и четкими, укорачиваются, делаются более высокими, задние ноги опускаются точно в следы передних или сзади них. Лошадь при этом находится в высокой степени «сбора».

Рысь — это более быстрый аллюр, при котором лошадь поочередно выносит и ставит на землю диагональные пары конечностей: левую переднюю с правой задней, правую переднюю с левой задней. Передняя и задняя ноги касаются земли одновременно, поэтому слышно два удара копыт, разделенные паузой во время фазы подвисания, когда все четыре ноги лошади не соприкасаются с грунтом. На галопе лошадь поочередно опирается на

одну из задних ног, затем на диагональную пару (другие задняя и передняя) и на переднюю ногу противоположной стороны, после чего следует фаза подвисания. В каждом цикле слышны три удара копыт, после которых наступает пауза. Различают галоп с правой ноги и с левой. При движении галопом вдоль стенки манежа лошадь должна идти с ноги, обращенной внутрь манежа (как говорят, «с внутренней ноги»). Если первой выносится вперед нога, обращенная к ограждению манежа («наружная нога»), аллюр называют контргалопом. Как и шаг, рысь и галоп могут быть средними, собранными и прибавленными. Кроме того, различают «рабочую рысь» и «рабочий галоп», при которых захват пространства меньше, чем при среднем аллюре, и несколько больше, чем при собранном.

В ходе первоначальной подготовки отрабатывают в основном среднюю ширину аллюров, постепенно вводя упражнения на прибавленных и особенно собранных шаге, рыси и галопе. Попытки в короткое время добиться от лошади высокой степени «сбора» могут вызвать у нее защитную реакцию и надолго задержать выездку. Очень осторожной должна быть и работа на боковых движениях, когда лошадь заставляют идти «в два следа», ставя задние ноги сбоку от следов передних копыт.

В ходе первоначальной подготовки лошадь обучают преодолению препятствий. Сначала это жерди, лежащие на земле, потом «клавиши» — барьеры высотой 0,3 м. Их ставят по ходу движения, чтобы лошадь могла переступать через них на шагу или рыси. Постепенно высоту препятствий увеличивают до 0,8—1,0 м и обучают лошадь сначала на корде, а затем и под всадником перепрыги-

«Школа» молодой лошади. Спортсмену приходится много потрудиться, а иногда и в прямом смысле побегать, чтобы на соревнованиях показать хорошие результаты

вать их с движения рысью и галопом. Работу в манеже дополняют выездами на местность. Это положительно влияет на нервную систему молодых лошадей, вносит разнообразие в монотонный ритм занятий. Во время выездов лошади приучаются к движению по шоссейным и грунтовым дорогам и тропам, преодолению подъемов и спусков, естественных препятствий, водных преград.

К концу выездки они должны доверчиво относиться к человеку, свободно двигаться под всадником, сохраняя равновесие и легкий упор в повод на всех аллюрах, понимать воздействие средств управления и без сопротивления выполнять требования всадника, быть сильными, выносливыми, свободно преодолевать небольшие препятствия.

Достигнутые успехи проверяют в специальных соревнованиях по первоначальной подготовке молодых лошадей. В их программу входят манежная езда с выполнением упражнений по командам судьи и преодоление препятствий легкого класса (8 препятствий высотой 0,8—1 м).

Затем приступают к специализированному тренингу по выездке, преодолению препятствий или троеборью. Он продолжается (с короткими перерывами на отдых) до окончания спортивной карьеры лошади, то есть до 12—14 лет. В редких случаях наиболее выдающиеся животные сохраняют спортивную работоспособность дольше.

Классические виды конного спорта

Выездка

Соревнования по выездке проводят на специально оборудованной ровной прямоугольной площадке с травянистым или песчаным грунтом размером 20×60 м или в закрытом манеже таких же размеров. Площадку ограждают невысокой изгородью, одна из сторон которой может раздвигаться для въезда и выезда всадников. В продольном направлении ее делит средняя линия, четко обозначаемая опилками, выстриганием травы и т. д. На ней отмечают пять точек на расстоянии 12 м одна от другой (крайние точки на обоих концах средней линии находятся в 6 м от пересечения ее с короткими сторонами манежа). Напротив этих точек с наружной стороны манежа устанавливают тумбы или щиты с отчетливо написанными буквами, обозначающими точки на воображаемой линии, по которой двигаются всадники при езде вдоль стенки манежа. Буквенное обозначение точек никогда не меняется. В программах езды, которые спортсмены выучивают на память, последовательно перечислены все упражнения и указано, у какой точки следует начинать каждое из них, через какие точки проезжать и у какой точки заканчивать. Переходить к следующему упражнению всадник должен в тот момент, когда его корпус поравняется с соответствующей точкой.

В СССР действуют программы по выездке, соответствующие международным правилам соревнований. Программа езды на Малый приз относительно простая, на Средний приз № 1 — более насыщенная, она включает уже некоторые сложные элементы. В программы езды на Средний приз № 2, Большой приз и Большой специальный приз включены упражнения высшей школы верховой езды.

Во все программы входит езда основными аллюрами — шагом, рысью и галопом и выполнение на них перечисленных выше манежных фигур. Большое значение придается правильности выполнения основных аллюров, их четкому ритму. Средний, рабочий, собранный и прибавленный аллюры различаются только по ширине движений и степени «сбора» лошади, без изменения частоты переступания. На всех аллюрах она должна идти энергично, без излишней торопливости или замедленности движений. Движения гибкие, непринужденные, спина лошади эластично колеблется под весом всадника. Переходы с одного аллюра на другой, а также изменение скорости движения выполняются точно в местах, предусмотренных программой езды, быстро, но не резко. Ритм аллюра четко сохраняется до остановки или перехода на другой аллюр. На остановке лошадь стоит спокойно и неподвижно, ровно на всех ногах, в готовности по первому требованию всадника начать движение. Осаживание выполняется по прямой линии на число шагов, предусмотренное программой. При выполнении боковых движений корпус лошади равномерно сгибается от головы до хвоста вокруг шенкеля всадника. При движении вдоль стены отклонение от нее составляет около 30°. Если при боковом движении голова лошади обращена к стене, оно называется траверс. Если же передняя часть лошади отклонена внутрь манежа, а хвост обращен к стене, упражнение называется ранверс. При принимании по диагонали манежа корпус лошади остается все время почти параллельным боковой стенке.

Элементами высшей школы являются пируэт (полупируэт) на галопе, перемена ног на галопе через один или два маха, пассаж и пиаффе. Пируэт — круг, выполняемый в два следа, радиусом, равным длине корпуса лошади. Лошадь двигается собранным галопом вокруг одной из задних ног, которая переступает почти на месте, четко отбивая такт движения. Пируэт или полупируэт (полукруг) может выполняться и на собранном шагу; это упражнение входит в более простые программы.

Пассаж — короткая собранная и очень ритмичная рысь. Лошадь сильно сгибает запястные и скакательные суставы, высоко поднимая диагональные пары ног и как бы задерживая их в воздухе, из-за чего фаза подвисания выражена особенно четко. Все движения эластичны и элегантны, кажется, что лошадь плывет по воздуху.

Пиаффе — элемент, выполняемый на месте. Как и при пассаже, лошадь поднимает переднюю ногу до высоты половины пясти, а заднюю — до одной трети плюсны опирающейся ноги, но при этом не сдвигается с места. Переходы от пассажа к пиаф-

фе и обратно должны быть легкими, плавными.

Независимо от сложности выполняемой программы всадник должен продемонстрировать легкость, непринужденность и гармоничность движений лошади, правильность ее реакции на воздействия средствами управления, которые должны быть почти незаметными, чтобы у зрителей создавалось впечатление, будто лошадь самостоятельно выполняет все упражнения. Во время движения и остановок лошадь должна постоянно быть «в поводу», то есть сохранять непрерывный мягкий контакт с всадником через повод, находясь при этом в «сборе», степень которого зависит от уровня ее выезженности и особенностей упражнения.

Выступления участников соревнований по выездке оценивает коллегия из трех судей, которые находятся в специальных кабинетах в 5 м от короткой стороны манежа. Во всесоюзных и международных соревнованиях участвуют еще два судьи, которые размещаются в кабинах против середины каждой длинной стороны.

Всадник въезжает в манеж, останавливается на средней линии на указанной в программе точке и приветствует судей, которые с этого момента и до заключительного приветствия оценивают каждое упражнение, а также общую гармоничность движений лошади, посадку всадника и его умение управлять лошадью по десятибалльной системе. Каждый судья заносит свои оценки в отдельный протокол. После окончания выступления в каждом протоколе подводится итог и из суммы оценок вычитаются штрафные очки за ошибки и превышение отведенного для выступления времени. Затем итоги всех протоколов суммируются. Полученное количество баллов определяет результат выступления спортсмена и занятое им место. Для окончательного определения победителей и призеров соревнований на Большой приз по выездке участники, показавшие лучшие результаты (от 3 до 12 — в зависимости от числа стартовавших), выступают повторно по программе Большого специального приза. Командное первенство определяется

общей суммой баллов трех членов команды за выступления в основной езде на Большой приз.

В последние годы проводятся и соревнования по произвольной программе, составленной из предусмотренных правилами упражнений выездки, включая элементы высшей школы верховой езды. Выполняемая под музыку программа становится заключительным красочным аккордом соревнований.

Преодоление препятствий

Преодоление препятствий, или, как его часто называют, конкур,— наиболее зрелищный вид конного спорта. Для успешного участия в нем требуется длительная и упорная тренировка спортсмена и лошади. Всадник должен обладать смелостью и решительностью, тонким расчетом, высоким искусством управления лошадью, хорошей общефизической подготовкой. От лошади требуются большая сила, мощный разбег и отталкивание, высокая координация движений, умение сохранять равновесие при полете над препятствием и при приземлении.

Конкурное поле — площадка для преодоления препятствий — должно быть огороженным, ровным, с мягким травяным покрытием. Его оптимальные размеры 100×150 м. Зимой соревнования проводят в закрытых манежах. Препятствия расставляют так, чтобы всадники могли преодолевать их, не замедляя на поворотах темпа полевого галопа. Старт и финиш обозначают флагами на древках или тумбах, отстоящих на 8 м одна от другой.

Препятствия собирают из жердей, досок, навесных заборов, калиток, которые крепят на стойках при помощи специальных гнезд. При задевании навесные элементы выбиваются из гнезд и падают. Падающими при задевании должны быть и пре-

препятствия, имеющие вид раскрашенных каменных стенок, сделанных из досок. При устройстве препятствий используют и невысокие прутяные заборы — хердели. Препятствия могут быть отвесными (все элементы располагаются вертикально один над другим) и высотно-широтными, имеющими вид параллельных брусьев, пирамид и т. п. На поле устраивают широтные препятствия — канавы. При всей своей массивности и внушительности препятствия не должны иметь необычные, пугающие лошадей формы. На них не должно быть острых концов или краев.

Переднюю часть препятствия ограничивают справа красным флажком, слева — белым. С правой стороны прикрепляют порядковый номер препятствия. У канавы с водой флажки ставят и у переднего, и у заднего краев. Ширина препятствий не менее 4 м, калитки — 2—3 м. Часть препятствий расставляют группами (системами) по 2—3 и более, на расстоянии 7—11 м одно за другим. Если какое-либо из входящих в систему препятствий не преодолено, всадник должен вернуться и начать преодоление системы с первого препятствия.

Существует много различных видов конкуров. Наиболее распространены соревнования, в ходе которых всадник должен за определенное время преодолеть в установленной последовательности все препятствия, стоящие на конкурном поле. Результаты таких соревнований оценивают по количеству штрафных очков. За каждое разрушение препятствия конкурист получает 4 штрафных очка, за первое неповиновение лошади (сопротивление, отказ от прыжка — закидка, отклонение от маршрута, вольт на маршруте, обнос препятствия) — 3, за второе неповиновение — 6, за падение с лошади или вместе с нею — 8 штрафных очков. Превышение контрольного времени штрафуется в 0,25 очка за каждую начатую секунду. За третье неповиновение лошади, неисправленную ошибку на маршруте, преодоление препятствия не в указанном порядке или не в указанном направлении, непрохождение линии финиша и другие грубые ошибки участников исключают из соревнования.

По степени трудности соревнования делят на классы: легкий, средний, трудный и высший, которые различаются величиной и числом препятствий. На Олимпийских играх, чемпионатах мира и Европы, крупнейших соревнованиях внутри страны в программы включают соревнования высшего класса. В соревнованиях на Кубок каждый участник преодолевает маршрут высшего класса дважды на одной и той же лошади в первом и втором кругах (гитах).

В других видах конкуров участники должны, например, сами выбрать маршрут и преодолеть его в кратчайшее время («охотничий паркур») или, наоборот, в определенное время перепрыгнуть максимальное число установленных на поле препятствий («конкур по выбору»). Проводят соревнования до первой ошибки, на мощность прыжка, на шести постепенно повышаемых препятствиях, с преодолением препятствий по возрастающей трудности, а также эстафеты и одиночные прыжки через отвесные, высотно-широтные или широтные препятствия. Такое многообразие условий делает соревнования доступными для конников разной квалификации и интересными для зрителей.

Лошадь и всадник «в полете» на конкурном поле

Парад участников соревнований по преодолению препятствий (Битца) и награждение победителей (Планерное)

Стипль-чез — спорт
для мужественных людей
и выносливых, хорошо
тренированных лошадей.
Ростовский ипподром

Троеборье

Троеборье является труднейшим видом конного спорта, требующим универсальной подготовки всадника и лошади. Каждый его участник должен, не меняя своей основной лошади, выступить на ней в первый день в соревнованиях по манежной езде, на следующий день преодолеть сложную трассу полевых испытаний и в заключение на третий день продемонстрировать сохранившуюся работоспособность своего четвероногого друга на маршруте конкура. Соревнования первого дня проводят на стандартной площадке размером 20×60 м. В программу входит выполнение манежных фигур на основных аллюрах. Трое судей определяют качество ее выполнения и оценивают по десятибалльной системе. Маршрут полевых испытаний включает движение по дорогам и тропинкам, стипль-чез, снова дороги и тропы, кросс. Протяженность каждого отрезка и дистанции в целом определяют организаторы соревнований. На всей дистанции устанавливают указатели для ориентации всадников. Общая длина первого и третьего отрезков пути колеблется в зависимости от подготовленности участников от 10 до 20 км, контрольное время определяется из расчета движения со средней скоростью 220 м/мин. Дистанция стипль-чеза на чемпионатах СССР равна 2560—3450 м, скорость движения 690 м/мин, на остальных соревнованиях — соответственно 1920—2560 м и 640 м/мин. На дистанции не должно быть крутых поворотов, подъемов и спусков. На каждые 1000 м устанавливают в среднем три препятствия, неподвижная часть которых не должна превышать 120 см. Наиболее трудный четвертый отрезок — кросс, поэтому перед его началом делают перерыв для отдыха лошадей, во время которого их осматривает ветеринарный врач. Протяженность дистанции кросса на чемпионатах СССР 5700—7410 м, на других соревнованиях — от 4680 до 5200 м, скорость 520 м/мин.

Трасса прокладывается вне дорог на пересеченной местности, имеющей подъемы, спуски, канавы, овраги,

разные водные преграды и т. п. Кроме этих естественных препятствий, на маршруте устанавливают разнообразные препятствия полевого типа из расчета по четыре на каждые 1000 м. Их ставят в сочетании с естественными преградами — на склонах, в оврагах, перед канавами и за ними, что создает дополнительные трудности для участников соревнований. Препятствия делают неподвижными, внушительными на вид, похожими на естественные. В то же время они должны быть преодолимы, нельзя устраивать «ловушки» для участников. Запрещается ставить препятствия, под которые лошадь может пройти. У препятствий, которые лошади преодолевают прыжком вниз, например, с берега в реку, перепад высот не должен быть более 2 м, а глубина воды на протяжении 5 м от берега не более 50 см.

За ошибки и нарушения, превышение контрольного времени начисляют штрафные очки. За неисправленную ошибку на маршруте, второе падение на стипль-чезе или третье падение на кроссе, жестокое обращение с лошадью, превышение предельного времени и за некоторые другие серьезные нарушения участников исключают из соревнования. Третий день начинается с ветеринарного осмотра лошадей. Переутомленных или захромавших лошадей к участию в конкурсе не допускают, их всадники выбывают из соревнования. Остальные участвуют в нем и преодолевают 12 препятствий высотой до 120 см, в том числе два высотно-широтных, одну двойную систему и канаву шириной 3,5 м. За разрушение препятствия начисляют 5 штрафных очков, за первое неповиновение лошади — 10, за второе — 20, за падение — 30 штрафных очков. Общий результат определяют по сумме штрафных очков, полученных участником во всех трех видах соревнований. Командный результат складывается из результатов трех зачетных всадников команды.

Для молодых спортсменов соревнования проводят по облегченным условиям. Могут быть соревнования по двум любым видам спорта, входящим в троеборье. В зимнее время, например, манежная езда и конкур.

21

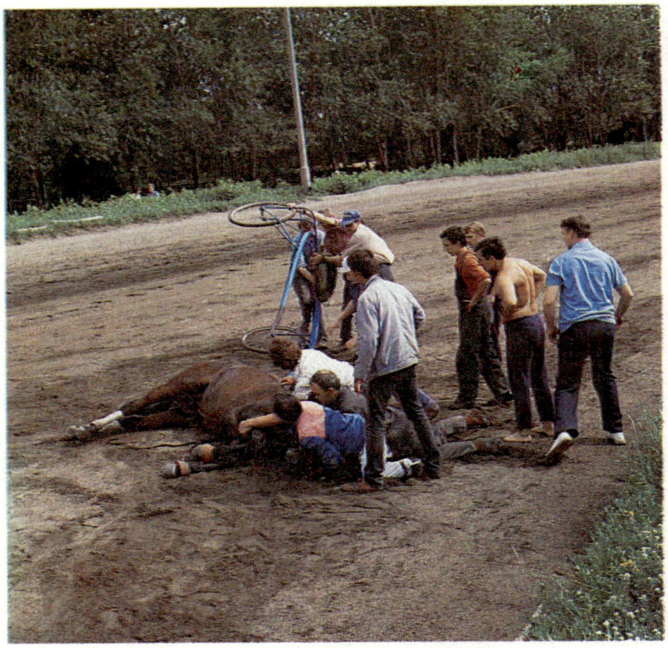

На трассе
кросса,
в соревнованиях
по троеборью
лошадь и
всадника
поджидают
сложнейший
маршрут
и труднейшие
препятствия,
преодолеть
которые удается
не всем

Русские тройки
на ипподромных
состязаниях

Представители союзных республик демонстрируют свое мастерство в национальных играх

Костюмированный праздник. Представляет школа верховой езды при Московском ипподроме

ИППОДРОМ

Международные соревнования на Центральном московском ипподроме. Ложа для зарубежных специалистов и гостей

Состязания на лошадях как под верхом, так и в упряжи известны с очень давних времен. У народов, населявших обширные территории будущей России, со времен появления коневодства по различным поводам, а чаще всего в традиционные праздники устраивались соревнования на лошадях. Состязания эти как зрелищные мероприятия известны у нас с XVIII столетия и связаны с именем графа Орлова Чесменского. В большинстве случаев владельцы участвовавших в состязаниях лошадей стремились оценить (испытать) резвостные качества своих питомцев и отобрать лучших из них на племя. Сначала эти соревнования проводились забавы ради, но уже к концу XVIII столетия они велись в соответствии с Правилами для конской скачки, которые вполне обоснованно можно считать первым официальным руководством по испытаниям лошадей в России. Эти правила регламентировали условия и положения, которые частично нашли отображение и в ныне существующих правилах испытания лошадей на ипподромах. Скачки проводились на Донском поле два-три раза в месяц. В последующем для состязания лошадей в упряжи и под верхом в различных городах России стали отводить специальные места, как правило, на ровной местности и начали возводить легкие строения для специалистов и публики. Это и были ипподромы. Важным событием в становлении и развитии ипподромов как структурных единиц в системе коннозаводства следует считать учрежде-

Механическая «водилка» для проводки лошадей шагом

Испытание рысью под седлом

Специальное оголовье с уздечкой, наушниками и муфтой для беговых соревнований

ние в 1831 году Московского общества конской скаковой охоты и в 1834 году Московского общества охотников конского бега. В последующем в большинстве губернских городов России, особенно в южных, были созданы отечественные скаковые и беговые общества.

В настоящее время в столицах автономных республик и областных центрах Российской Федерации функционирует более трех десятков ипподромов. По испытаниям рысистых лошадей наибольшую известность получили ипподромы в Уфе, Калинине, Куйбышеве, Курске, Омске, Перми, Пскове, Саратове и Раменском Московской области. В Нальчике, Краснодаре, Ростове и Пятигорске проводятся испытания лошадей верховых пород. На Центральном московском ипподроме регулярно испытывают лошадей рысистых и верховых пород.

При испытаниях племенных и спортивных лошадей на ипподромах ставится задача выявить и развить их работоспособность. На ипподромах проходят международные соревнования по беговому и скаковому спорту, соревнования конников колхозов, совхозов и конных заводов, состязания на русских тройках, национальные конно-спортивные игры, соревнования по классическим видам конного спорта. Здесь же проводятся выводки и выставки лошадей.

Главное управление коневодства и коннозаводства СССР выработало и опубликовало Правила испытаний племенных лошадей рысистых и верховых пород. Они предусматривают комплектование ипподромов лошадьми, устройство дорожек, систему, план и программу испытаний, нормы выступлений, классификацию и стоимость призов, порядок проведения бегов и скачек, в них регламенти-

6
7
8
9
10

Бега, бега, бега...

руются нарушения, определены взыскания. Лошадей на ипподромах распределяют по тренотделениям, возглавляемым тренерами или наездниками. Содержание лошадей организуется в соответствии с требованиями зоогигиены и ветеринарии, а кормление — по утвержденным нормам. В своей повседневной работе ипподромы тесно связаны с конными заводами, выращивающими и готовящими к испытаниям молодняк лошадей.

8

Открытие
сезона —
большой
праздник
на ипподроме

9 8 7 6 5 4 3 2 1
20

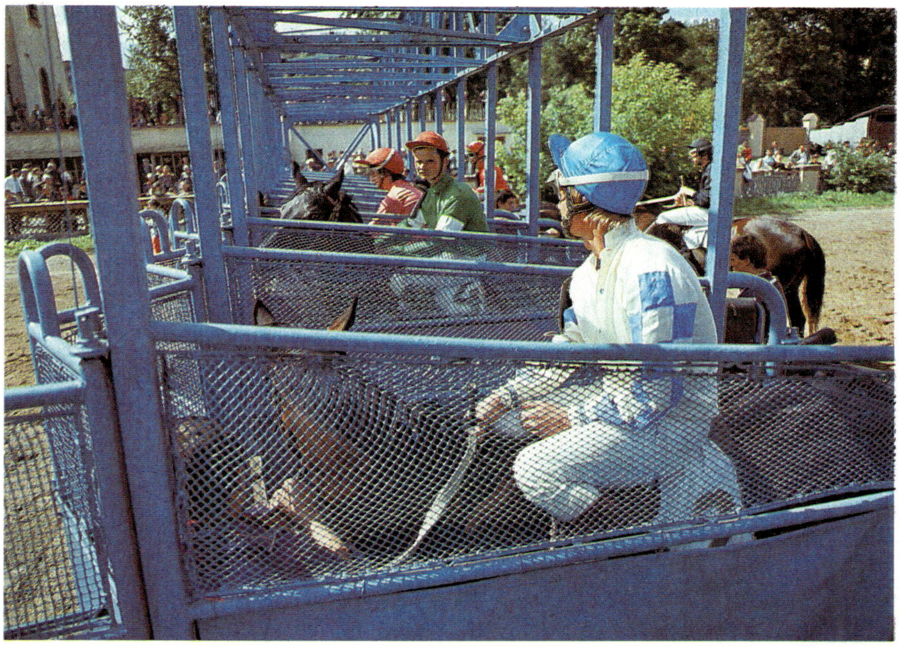

В скачках успех
зачастую
решают доли
секунды.
Равные для всех
условия
по дистанции
гарантирует
старт-машина

Вручение призов победителям международных и всесоюзных соревнований. Московский ипподром

Школа верховой езды при Московском ипподроме. Здесь под руководством опытных тренеров все желающие могут научиться ездить верхом

Студенческая свадьба в Московской сельскохозяйственной академии имени К. А. Тимирязева

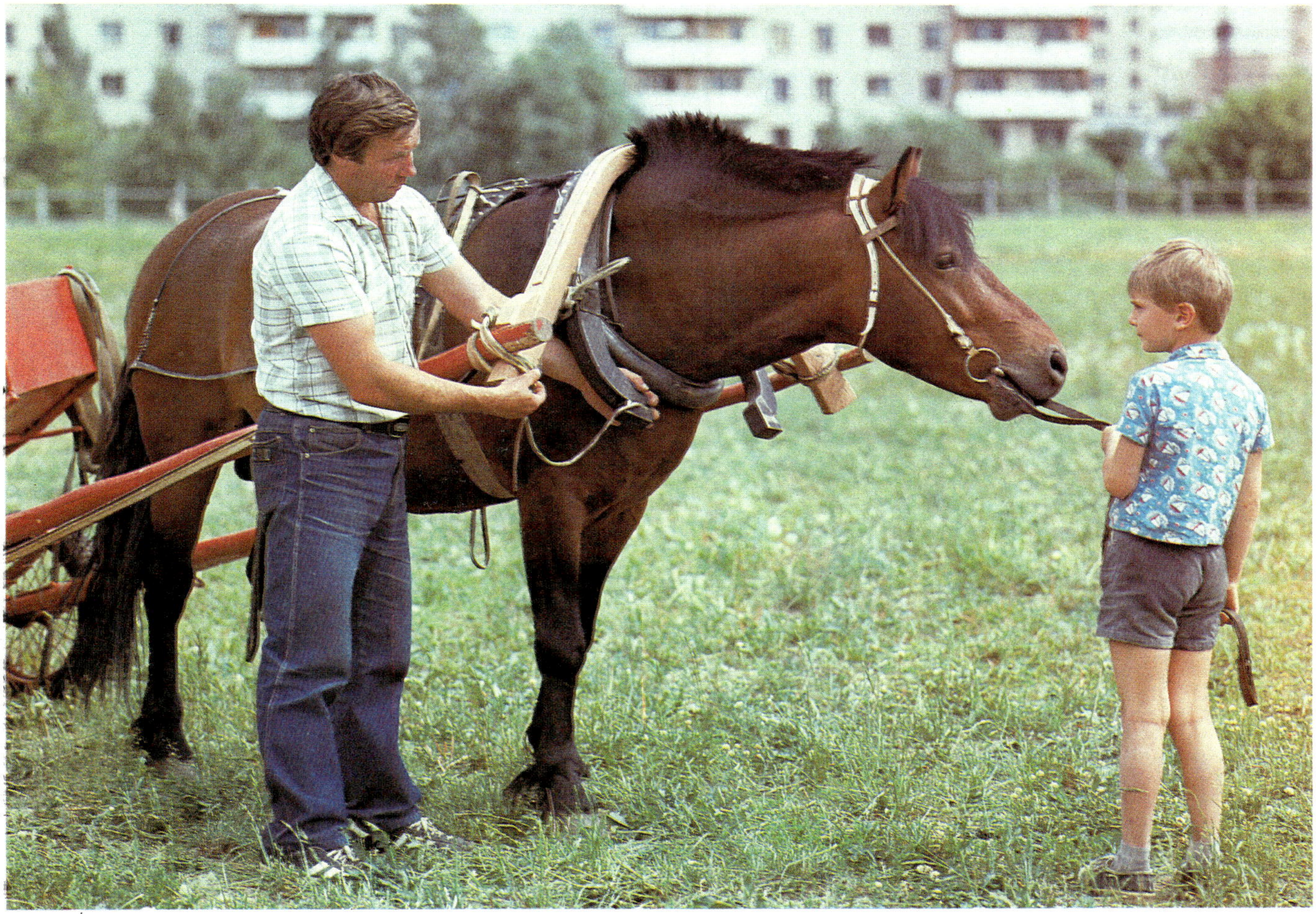

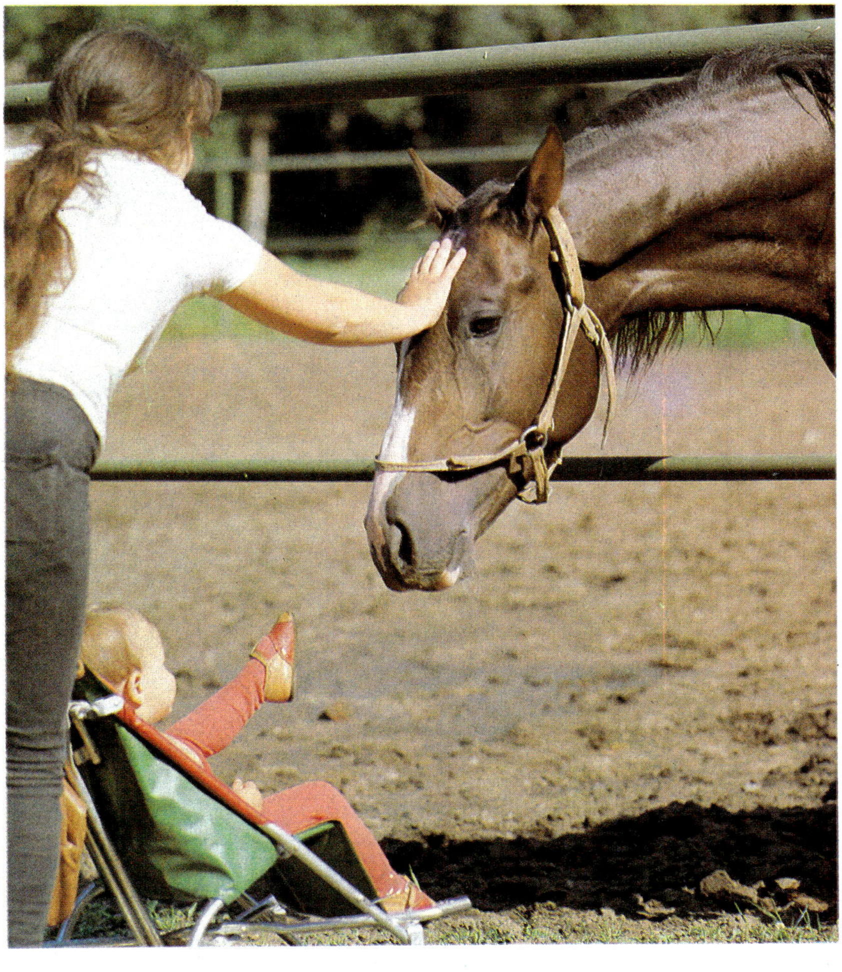

Любовь
к лошади
воспитывают
с детства